21世纪高等学校规划教材 | 计算机应用

程序设计基础实践教程

（C语言）

杨有安 曹惠雅 陈维 鲁丽 编著

清华大学出版社
北京

内容简介

本书是《程序设计基础(C语言)(第3版)》(杨有安等编著,清华大学出版社出版)的配套教材。本书针对主教材C语言的基本概念、变量、运算符、表达式、顺序结构、分支结构、循环结构、数组、函数、指针、结构体、联合体和枚举类型、预处理和标准函数、文件、数据结构和数据抽象等章节的重点及难点进行总结,对重点难点题型进行分析,并附加各种题型的练习,以帮助读者加深对C语言程序设计基础知识的理解。本书最后一部分为上机实践,每个实验包括目的与要求、实验内容,以帮助读者提高程序设计的能力。

本书与《程序设计基础(C语言)(第3版)》互为补充,相辅相成,对读者理解教学内容,掌握程序设计的基本知识,提高程序设计的应用能力十分有益。

本书适合作为高等学校"C语言程序设计"课程的辅导教材,也可作为计算机等级考试辅导教材或供从事计算机应用的科技人员自学参考。

图书在版编目(CIP)数据

程序设计基础实践教程:C语言/杨有安等编著.—北京:清华大学出版社,2011.1
(21世纪高等学校规划教材·计算机应用)
ISBN 978-7-302-24118-8

Ⅰ.①程… Ⅱ.①杨… Ⅲ.①C语言-程序设计-高等学校-教材 Ⅳ.①TP312

中国版本图书馆CIP数据核字(2010)第232269号

责任编辑: 魏江江 薛 阳
责任校对: 梁 毅
责任印制: 何 芊
出版发行: 清华大学出版社
地 址: 北京清华大学学研大厦A座
http://www.tup.com.cn
邮 编: 100084
社 总 机: 010-62770175
邮 购: 010-62786544
投稿与读者服务: 010-62795954,jsjjc@tup.tsinghua.edu.cn
质 量 反 馈: 010-62772015,zhiliang@tup.tsinghua.edu.cn
印 装 者: 北京嘉实印刷有限公司
经 销: 全国新华书店
开 本: 185×260 **印 张:** 11.75 **字 数:** 289千字
版 次: 2011年1月第1版 **印 次:** 2011年1月第1次印刷
印 数: 1~4000
定 价: 19.00元

产品编号:037371-01

出版说明

随着我国改革开放的进一步深化，高等教育也得到了快速发展，各地高校紧密结合地方经济建设发展需要，科学运用市场调节机制，加大了使用信息科学等现代科学技术提升、改造传统学科专业的投入力度，通过教育改革合理调整和配置了教育资源，优化了传统学科专业，积极为地方经济建设输送人才，为我国经济社会的快速、健康和可持续发展以及高等教育自身的改革发展做出了巨大贡献。但是，高等教育质量还需要进一步提高以适应经济社会发展的需要，不少高校的专业设置和结构不尽合理，教师队伍整体素质亟待提高，人才培养模式、教学内容和方法需要进一步转变，学生的实践能力和创新精神亟待加强。

教育部一直十分重视高等教育质量工作。2007 年 1 月，教育部下发了《关于实施高等学校本科教学质量与教学改革工程的意见》，计划实施“高等学校本科教学质量与教学改革工程(简称‘质量工程’)”，通过专业结构调整、课程教材建设、实践教学改革、教学团队建设等多项内容，进一步深化高等学校教学改革，提高人才培养的能力和水平，更好地满足经济社会发展对高素质人才的需要。在贯彻和落实教育部“质量工程”的过程中，各地高校发挥师资力量强、办学经验丰富、教学资源充裕等优势，对其特色专业及特色课程(群)加以规划、整理和总结，更新教学内容、改革课程体系，建设了一大批内容新、体系新、方法新、手段新的特色课程。在此基础上，经教育部相关教学指导委员会专家的指导和建议，清华大学出版社在多个领域精选各高校的特色课程，分别规划出版系列教材，以配合“质量工程”的实施，满足各高校教学质量和教学改革的需要。

为了深入贯彻落实教育部《关于加强高等学校本科教学工作，提高教学质量的若干意见》精神，紧密配合教育部已经启动的“高等学校教学质量与教学改革工程精品课程建设工作”，在有关专家、教授的倡议和有关部门的大力支持下，我们组织并成立了“清华大学出版社教材编审委员会”(以下简称“编委会”)，旨在配合教育部制定精品课程教材的出版规划，讨论并实施精品课程教材的编写与出版工作。“编委会”成员皆来自全国各类高等学校教学与科研第一线的骨干教师，其中许多教师为各校相关院、系主管教学的院长或系主任。

按照教育部的要求，“编委会”一致认为，精品课程的建设工作从开始就要坚持高标准、严要求，处于一个比较高的起点上；精品课程教材应该能够反映各高校教学改革与课程建设的需要，要有特色风格、有创新性(新体系、新内容、新手段、新思路，教材的内容体系有较高的科学创新、技术创新和理念创新的含量)、先进性(对原有的学科体系有实质性的改革和发展，顺应并符合 21 世纪教学发展的规律，代表并引领课程发展的趋势和方向)、示范性(教材所体现的课程体系具有较广泛的辐射性和示范性)和一定的前瞻性。教材由个人申报或各校推荐(通过所在高校的“编委会”成员推荐)，经“编委会”认真评审，最后由清华大学出版社审定出版。

目前，针对计算机类和电子信息类相关专业成立了两个“编委会”，即“清华大学出版社计算机教材编审委员会”和“清华大学出版社电子信息教材编审委员会”。推出的特色精品教材包括：

(1) 21世纪高等学校规划教材·计算机应用——高等学校各类专业，特别是非计算机专业的计算机应用类教材。

(2) 21世纪高等学校规划教材·计算机科学与技术——高等学校计算机相关专业的教材。

(3) 21世纪高等学校规划教材·电子信息——高等学校电子信息相关专业的教材。

(4) 21世纪高等学校规划教材·软件工程——高等学校软件工程相关专业的教材。

(5) 21世纪高等学校规划教材·信息管理与信息系统。

(6) 21世纪高等学校规划教材·财经管理与计算机应用。

(7) 21世纪高等学校规划教材·电子商务。

清华大学出版社经过二十多年的努力，在教材尤其是计算机和电子信息类专业教材出版方面树立了权威品牌，为我国的高等教育事业做出了重要贡献。清华版教材形成了技术准确、内容严谨的独特风格，这种风格将延续并反映在特色精品教材的建设中。

清华大学出版社教材编审委员会
联系人：魏江江
E-mail：weijj@tup.tsinghua.edu.cn

前言

2008 年全国高等学校计算机基础教育研究会发布了“中国高等院校计算机基础教育课程体系 2008”计算机基础教育的纲领性文件，对规范指导我国计算机基础教育有着重要的现实意义。本书以该文件精神为宗旨编写。

程序设计课程是高等院校计算机基础教育中的重要课程之一，其以程序编写语言为平台，让学生了解程序设计的思想和方法；学生通过学习能掌握高级语言程序设计的知识，培养问题求解和程序语言的应用能力。

本书是《程序设计基础(C 语言)(第 3 版)》(杨有安等编著，清华大学出版社出版)的配套教材，两者互为补充，相辅相成，对读者掌握程序设计的基本知识，提高程序设计的应用能力十分有益。本书按照原书的章节顺序，对各章重点及难点进行了总结，对重点难点题型进行了分析，并附有大量的练习，以帮助读者加深对 C 语言程序设计基础知识的理解，每章结束部分附有参考答案，方便读者进行自测。

全书分为两部分。第 1 部分是辅导、实践，其包括各章的知识要点，内容形式有重点与难点解析、测试题(单项选择题、填空题、编程题)、测试题参考答案等。另外，“教材课后习题解答”一节对各章习题提供了单数题号题的参考答案。第 2 部分是上机实践内容，提供了学习本课程应当进行的 14 个上机实验，均与教学内容相对应。每个实验包括实验目的与要求和实验内容，以此帮助读者提高实际程序设计编写的能力，养成良好的程序设计风格和习惯。

全书第 1 部分分为 11 章，其中第 1、2、4 章由曹惠雅编写，第 3、8、10 章由鲁丽编写，第 7、9、11 章由陈维编写，第 5、6 章由杨有安编写。各位编者在第 2 部分还编写了相应的上机实践。杨有安负责全书统稿工作。

由于编者水平有限，书中难免存在疏漏和不足之处，敬请读者批评指正。

编　者

2010 年 6 月

目录

第1部分 辅导、实践

第2部分 上机实践

第 1 部分　辅导、实践

第1章 C语言概述

1.1 知识要点

(1) 了解C语言的发展及其特点。

(2) 掌握Visual C++ 6.0的安装、启动和退出方法。

(3) 熟练掌握在Visual C++ 6.0集成开发环境下编辑、编译、连接和运行一个C语言源程序的步骤。

(4) 通过运行简单的C语言程序,初步了解C语言源程序的组成和结构特点。

(5) 理解C语言中的基本概念。

1.2 重点与难点解析

【例题1-1】 以下不能定义为用户标识符的是(　　)。

A. Main　　B. _0　　C. _int　　D. sizeof

【解析】 本题考点是C语言中标识符的命名规则。C语言中的标识符包括变量名、符号常量名、函数名、数组名、结构名、类型名、文件名等,C语言中规定标识符只能由字母、数字和下划线3种符号组成,并且标识符的首字母必须是字母或下划线,C语言中的关键字如语句、数据类型名等不允许作为用户定义的标识符。

【正确答案】 D

【例题1-2】 下列各选项中,属于C语言程序中语句的是(　　)。

A. a=b+c　　B. #include<stdio.h>

C. /* c programe */　　D. a=2;

【解析】 本题旨在考查对C语言中语句概念的理解。选项A中表达式的末尾没有分号,因此只能代表一个赋值表达式;选项B中以#开头的是编译预处理命令的文件包含;选项C以"/*"开头并以"*/"结束,这是C语言程序中的注释部分,是不会被执行的;只有选项D为一正确的赋值语句。

【正确答案】 D

【例题 1-3】C 语言中用于结构化程序设计的 3 种基本结构是(　　)。

A. 顺序结构、选择结构、循环结构　　B. if,switch,break

C. for,while,do-while　　D. if,for,continue

【解析】结构化定理表明,任何一个复杂问题的程序设计都可以用顺序结构、选择结构和循环结构这 3 种基本结构组成,且它们都具有以下特点：只有一个入口；只有一个出口；结构中无死循环,且程序中 3 种基本结构之间形成顺序执行关系。

【正确答案】A

【例题 1-4】以下说法中,不正确的是(　　)。

A. C 语言程序中必须有一个 main()函数,从 main()函数的第一条语句开始执行

B. 非主函数都是在执行主函数时,通过函数调用或嵌套调用而执行的

C. C 语言程序中的 main()函数必须放在程序的开始位置

D. C 语言程序中的 main()函数位置可以任意指定

【解析】本题旨在考核 main()函数的作用,以及 main()函数在程序中出现的位置。一个完整的 C 语言程序有且仅有一个主函数(main()函数)。程序总是从 main()函数的第一条语句开始执行,到 main()函数的最后一条语句结束,其他函数都是在执行 main()函数时,通过函数调用或嵌套调用而得以执行的。C 语言规定,main()函数在程序中的位置可以是任意的。

【正确答案】C

【例题 1-5】下列选项中不属于结构化程序设计方法的是(　　)。

A. 自顶向下　　B. 逐步求精　　C. 模块化　　D. 可复用性

【解析】结构化程序设计方法的主要原则是：自顶向下,逐步求精,模块化,限制使用 goto 语句。可复用性是指软件元素不加修改或稍加修改便可在不同的软件开发过程中重复使用的性质。软件可复用性是软件工程追求的目标之一,是提高软件生产效率的最主要方法。面向对象的程序设计具有可复用性的优点。

【正确答案】D

【例题 1-6】以下叙述中错误的是(　　)。

A. C 语言源程序经编译后生成后缀为.obj 的目标程序

B. C 程序经过编译、连接步骤之后才能形成一个真正可执行的二进制机器指令文件

C. 用 C 语言编写的程序称为源程序,它以 ASCII 代码形式存放在一个文本文件中

D. C 语言中的每条可执行语句和非执行语句最终都将被转换成二进制的机器指令

【解析】并不是源程序中的所有行都参加编译。在条件编译形式下,相关内容只在满足一定条件时才进行编译。选项 D 中的非执行语句不在其范围内。

【正确答案】D

【例题 1-7】以下叙述中正确的是(　　)。

A. 预处理命令行必须位于 C 源程序的起始位置

B. 在 C 语言中,预处理命令行都以“#”开头

C. 每个 C 程序必须在开头包含预处理命令行：#include<stdio.h>

D. C 语言的预处理不能实现宏定义和条件编译的功能

【解析】预处理命令可以放在程序的任何位置,其有效范围是从定义开始到文件结束。

预处理命令有宏定义、文件包含和条件编译3类。<stdio.h>只是其中的一个文件,并不是说每次预处理命令都须用此文件。

【正确答案】 B

【例题1-8】 以下4个程序中,完全正确的是(　　)。

A.
```
#include <stdio.h>
void main();
{
   /*programming*/
   printf("programming!\n");
}
```
B.
```
#include <stdio.h>
void main()
{
   /*programming*/
   printf("programming!\n");
}
```
C.
```
#include <stdio.h>
void main()
{
    */*programming*/*
   printf("programming!\n");
}
```
D.
```
include <stdio.h>
void main()
{ /*programming*/
  printf("programming!\n");
}
```

【解析】 选项A中void main()后的分号是多余的;选项C的注释语句多了两个*号;选项D的include前面没有#。

【正确答案】 B

【例题1-9】 C语言源程序必须通过(　　)和(　　)后才可投入运行。

【解析】 计算机硬件不能直接执行C语言源程序,必须由一个称为编译程序的系统软件先将其翻译成二进制目标程序,之后再经过连接才可使程序成为在计算机上可以执行的可执行程序,也只有这时C语言源程序才可投入运行。

【正确答案】 编译　连接

【例题1-10】 试分析以下C源程序的错误在于(　　)。

```
#include <stdio.h>;
void main();
{;
   printf("Good morning!\n");
};
```

【解析】 C语言规定:C源程序中每一个说明和每一个语句都必须以分号结尾。但是预处理命令、函数头和花括号“{”、“}”之后不能加分号。

【正确答案】 预处理命令、函数头和花括号“{”、“}”之后不能加分号。

1.3 测试题

1.3.1 单项选择题

1.（　　）不是C语言的特点。

A. 语言的表达能力强　　B. 语法定义严格

C. 数据结构类型丰富　　D. 控制流程结构化

2. C语言规定：在一个源程序中，主函数的位置（　　）。

A. 必须在最开始　　B. 必须在系统调用的库函数后面

C. 可以任意　　D. 必须在最后

3. 以下叙述中，正确的是（　　）。

A. 在对一个C语言程序进行编译的过程中，可发现注释中的拼写错误

B. C语言源程序不必通过编译就可以直接运行

C. C语言源程序经编译形成的二进制代码可以直接运行

D. 在对C语言源程序进行编译和连接的过程中都可能发现错误

4. C语言中可以处理的文件类型是（　　）。

A. 文本文件和数据文件　　B. 二进制文件和数据文件

C. 文本文件和二进制文件　　D. 数据代码文件

5. 以下描述错误的是（　　）。

A. 在程序中凡是以"#"开始的语句行都是预处理命令行

B. 预处理命令行的最后不能以分号表示结束

C. #define PI 是合法的宏定义命令行

D. C语言对预处理命令行的处理是在程序执行的过程中进行的

6. C语言程序的执行是（　　）。

A. 从程序的主函数开始，到程序的主函数结束

B. 从程序的主函数开始，到程序的最后一个函数结束

C. 从程序的第一个函数开始，到程序的最后一个函数结束

D. 从程序的第一个函数开始，到程序的主函数结束

7. 下面说法正确的是（　　）。

A. 一个C语言程序可以有多个主函数

B. 一个C语言的函数只允许有一对花括号

C. C语言源程序的书写格式是自由的，一个语句可以写在一行内，也可以写在多行内

D. 在对C语言程序进行编译时，可以发现注释行中的拼写错误

8. 以下说法不正确的是（　　）。

A. C语言程序是以函数为基本单位的，整个程序由函数组成

B. C语言程序的一条语句可以写在不同的行上

C. C语言程序的注释行对程序的运行功能不起作用，所以注释应尽可能少写

D. C语言程序的每个语句都以分号结束

9. 一个完整的C语言源程序是(　　)。

A. 由一个主函数(或)一个以上的非主函数构成

B. 由一个且仅有一个主函数和零个以上(含零)的非主函数构成

C. 由一个主函数和一个以上的非主函数构成

D. 由一个且只有一个主函数或多个非主函数构成

10. C语言的程序在一行写不下时,可以(　　)。

A. 用逗号换行　　B. 用分号换行

C. 任意一个空格处换行　　D. 用回车符换行

11. 以下叙述中正确的是(　　)。

A. C语言比其他语言高级

B. C语言可以不用编译就能被计算机识别执行

C. C语言以接近英语国家的自然语言和数学语言作为语言的表达形式

D. C语言出现得最晚,具有其他语言的一切优点

12. 下列可用于C语言用户标识符的一组是(　　)。

A. void, define, WORD　　B. a3_b3, _123, Car

C. For, -abc, IF Case　　D. 2a, DO, sizeof

13. 以下说法正确的是(　　)。

A. C语言程序总是从第一个函数开始执行

B. 在C语言程序中,要调用函数必须在main()函数中定义

C. C语言程序总是从main()函数开始执行

D. C语言程序中的main()函数必须放在程序的开始部分

14. 以下叙述中正确的是(　　)。

A. 构成C程序的基本单位是函数　　B. 可以在一个函数中定义另一个函数

C. main()函数必须放在其他函数之前　　D. 所有被调函数一定要在调用之前进行定义

15. 一个C语言程序是由(　　)。

A. 一个主程序和若干子程序组成　　B. 函数组成

C. 若干过程组成　　D. 若干子程序组成

16. 下面各选项中,均是C语言标识符的选项组是(　　)。

A. 33 we auto　　B. _23 me _3ew　　C. _43 3e_ else　　D. ER_DF 32

17. 以下不正确的C语言自定义标识符是(　　)。

A. 2a_b　　B. _123abc　　C. d1_o2　　D. abc_123

18. 以下不是C语言规定的关键字的是(　　)。

A. int　　B. char　　C. programe　　D. double

19. 在C语言中,以下错误的常数表示是(　　)。

A. 0x5b　　B. 0　　C. 'a'　　D. 'ab'

20. 以下说法错误的是(　　)。

A. 高级语言都是用接近人们习惯的自然语言和数学语言作为语言的表达形式

B. 计算机只能处理由0和1的代码构成的二进制指令或数据

C. C语言源程序经过C语言编译程序编译之后生成一个后缀为.EXE的二进制文件

D. 每一种高级语言都有它对应的编译程序

1.3.2 填空题

1. C语言程序的执行在（ ）函数中开始，在（ ）函数中结束。

2. 在C语言程序中，每个语句后面都要加上一个（ ），它是一个语句的结束标志。

3. 用C语言编写的程序称为（ ）。

4. C语言源程序中的注释部分以（ ）开始，以（ ）结束。

5. C语言程序的基本单位是（ ）。

6. printf 函数的功能是（ ）。

7. C语言的数据类型有（ ）、（ ）、（ ）、（ ）、（ ）、（ ）、（ ）等，能用来实现各种复杂的数据类型的运算。

8. Visual C++ 6.0 集成开发环境是一个基于（ ）操作系统的可视化、面向对象的集成开发环境。

9. 在 Visual C++ 6.0 集成开发环境下，C语言源程序的扩展名是（ ），目标程序文件的扩展名是（ ），可执行程序文件的扩展名是（ ）。

10. C语言源程序的上机步骤依次分为（ ）、（ ）、（ ）、（ ）和（ ）。

1.3.3 编程题

编写一个C语言源程序，输出以下信息：

```
**********
I am a student!
**********
```

1.3.4 测试题参考答案

【1.3.1 单项选择题参考答案】

1. B　2. C　3. D　4. A　5. D　6. A　7. C　8. C　9. B　10. C

11. C　12. B　13. C　14. A　15. B　16. B　17. A　18. C　19. D　20. C

【1.3.2 填空题参考答案】

1. 主　主

2. ;

3. C语言源程序(或C程序)

4. /*　*/

5. 函数

6. 将输出的内容送到显示器显示

7. 整型　实型　字符型　数组类型　指针类型　结构体类型　联合体类型

8. Windows

9. .cpp　.obj　.exe

10. 编辑　保存　编译　连接　运行

【1.3.3 编程题参考答案】

程序如下：

```
#include <stdio.h>
void main()
{
  printf(" ********** \n");
  printf("I am a student!\n");
  printf(" ********** \n");
}
```

1.4 教材课后习题解答

【习题 1-1】简述 C 语言的特点。

答：C 语言的特点：C 语言简洁、紧凑、使用灵活、方便；运算符丰富；数据结构丰富；C 是结构式语言；C 语法限制不太严格，程序设计自由度大；C 语言允许直接访问物理地址；C 语言程序生成代码质量高；C 语言适用范围大，可移植性好。

【习题 1-3】上机运行本章的 3 个例题。

答：

【例 1-1】编写一个 C 语言程序，输出“good morning!”。

程序如下：

```
/*c1_1.c*/
#include <stdio.h>              /*为文件包含,其扩展名为.h,称为头文件*/
void main()
{
  printf("good morning!\n");    /*通过显示器输出 good morning! */
}
```

【例 1-2】从键盘输入两个整数，输出求和结果。

```
/*c1_2.c*/
#include <stdio.h>
void main()
{
  int x,y,sum;                        /*定义3个整型变量*/
  printf("Input two numbers:");       /*显示提示信息*/
  scanf("%d%d",&x,&y);                /*输入x,y值*/
  sum=x+y;                            /*求出x与y之和,并把它赋予变量sum*/
  printf("%d+%d=%d\n",x,y,sum);       /*输出两数之和*/
}
```

【例 1-3】输入两个整数，进行比较后将较大数输出。

```
/*c1_3.c*/
#include <stdio.h>
void main()
{
```

```
    int x,y,z;                              /* 定义3个整型变量 */
    int max(int a,int b);                   /* 函数类型说明 */
    printf("Input two number:");            /* 显示提示信息 */
    scanf("%d%d",&x,&y);                    /* 输入x,y值 */
    z = max(x,y);                           /* 调用max函数 */
    printf("max = %d\n",z);                 /* 将较大数输出 */
}

int max(int a,int b)                        /* 定义max函数 */
{
    int c;                                  /* 定义一个整型变量 */
    c = a > b?a:b;                          /* 求出变量c的值 */
    return c;                               /* 将c的值返回到主调函数 */
}
```

【习题1-5】参照本章例题，编写一个C语言程序，输出以下信息：

```
**************
Nice to meet you!
**************
```

编写程序如下：

```
/* c1_5.c */
#include <stdio.h>
void main()
{
    printf("**************\n");
    printf("Nice to meet you!\n");
    printf("**************\n");
}
```

第2章

基本数据类型和运算符

2.1 知识要点

(1) 理解C语言数据类型的概念,掌握基本数据类型变量的定义方法及其初始化。

(2) 学会使用C语言的算术运算符,熟练掌握C语言算术表达式的书写方法及其运算。

(3) 熟练掌握不同类型数据之间运算时数据类型的转换规则。

(4) 了解关系表达式、逻辑表达式和逗号表达式及其运算。

(5) 进一步熟悉C程序的编辑、编译、连接和运行的过程。

2.2 重点与难点解析

【例题2-1】 假设已有定义:int a=6,b=7,c=8;,则执行语句:c=(a/4)+(b=5);后,变量b的值是(　　)。

A. 7　　B. 3　　C. 4　　D. 5

【解析】 在C语言中,运算符和表达式的种类较多,务必严格区分赋值语句和赋值表达式。赋值表达式可以出现在其他表达式中,完成赋值和计算功能。本题中赋值运算符右边出现的b=5先完成变量b的赋值后,再将b=5的值参与到表达式(a/4)+(b=5)的计算中去。

【正确答案】 D

【例题2-2】 若变量a、b已定义为int类型并分别赋值为18和25,要求用printf函数以a=18,b=25的形式输出,请写出完整的输出语句(　　)。

【解析】 在输出函数printf中,除了格式描述符和转义字符外,其他字符都将按照原样输出。

【正确答案】 printf("a=%d,b=%d",a,b)

【例题2-3】 下面可以作为C语言用户标识符的一组是(　　)。

A. void define WOR　　B. a3_b3 _123 IF

C. for _abc case　　D. 2a D0 sizeof

【解析】 在C语言中,合法的标识符可以由字母、数字和下划线组成,其中关键字不能作为用户的标识符，且开头的第一个字符必须为字母或下划线。选项 A 中 void 为关键字；选项 C 中 for 和 case 为关键字；选项 D 中 sizeof 为关键字。

【正确答案】 B

【例题 2-4】 以下选项中不属于 C 语言的类型的是（　　）。

A. signed short int　　B. unsigned long int

C. unsigned int　　D. long short

【解析】 选项 A 为无符号短整型，选项 B 为无符号长整型，选项 C 为无符号整型，而选项 D 的类型在 C 语言中不存在。

【正确答案】 D

【例题 2-5】 下面不正确的赋值语句是（　　）。

A. a++;　　B. a==b;　　C. a=b;　　D. a=1,b=1;

【解析】 C 语言中赋值语句是由赋值表达式加“;”构成的。赋值表达式的形式为：变量=表达式。选项 A 中 a 相当于 a+1，是赋值语句；选项 C 和选项 D 也是赋值语句。只有选项 B 不是，因为选项 B 中“==”符号是等于的意思，并不是赋值运算符。

【正确答案】 B

【例题 2-6】 若有定义：int a=8,b=5,c;，执行语句 c=a/b+0.4;后，c 的值为（　　）。

A. 1.4　　B. 1　　C. 2.0　　D. 2

【解析】 在表达式中根据运算的结合性和运算符的优先级，首先计算的是 a/b(8/5=1)，再将 1.4 赋值给 c，由于 c 为整型变量，所以要将 1.4 转换为整型，即舍弃小数位（c 的值变为 1）。

【正确答案】 B

【例题 2-7】 已知 int x=5;double y;，当执行赋值语句 y=(double)x;后，变量 x 的数据类型为（　　）。

A. int　　B. float　　C. double　　D. char

【解析】 在 C 语言中，变量一经定义，其数据类型在其作用域中是不能随意改变的，能够改变的只是参与运算的变量的值，故选 A。

【正确答案】 A

【例题 2-8】 以下程序的输出结果是（　　）。

```
#include <stdio.h>
void main()
{
  int a = 5,b = 4,c = 6,d;
  printf("%d\n",d = a > b?(a > c?a:c):b);
}
```

A. 5　　B. 4　　C. 6　　D. 不确定

【解析】 在 C 语言中条件表达式（如：a>c? a:c）的计算规则为：如果 a>c 为真，那么表达式的值为 a 的值；否则表达式的值为 c 的值。本题中的 printf()函数中的输出表达式，首先计算括号内的条件表达式，它的值为 6（因 a>c? a:c 中 a>c 即 5>6 为假，故该表达式的值为 c 的值，即为 6），然后再计算外面条件表达式（等价于 a>b? 6:b）的值，同理可得该表达式的值为 6，将值 6 赋值给 d，因此最后输出该表达式的值为 6。

【正确答案】C

【例题 2-9】以下程序的输出结果是(　　)。

```
#include <stdio.h>
void main()
{
   int a = 5,b = 4,c = 3,d;
   d = (a > b > c);
   printf(" %d\n",d);
}
```

【解析】关系运算符“>”的结合方式是从左向右的，所以在本题中的表达式 a>b>c；从左向右开始运算，a>b 的结果为“1”，接着执行 1>c，结果为 0。

【正确答案】0

【例题 2-10】下列各选项中可以作为合法的赋值语句的是(　　)。

A. a=2,b=5　　B. a=b=c=5　　C. a++;　　D. a=int(b)

【解析】选项 A 和 B 的赋值作用并没有错，只是它们后面没有以分号结束，所以不能作为语句；选项 D 中的强制转换的关键字 int 没有用括号括起来，这在语法上是错误的，选项 C 使用了自增运算符 ++，相当于 a=a+1，且其后有分号，故是合法的赋值语句。

【正确答案】C

2.3　测试题

2.3.1　单项选择题

1. 以下描述不正确的是(　　)。

A. C 语言中的常量包含整型常量、实型常量、字符常量和字符串常量

B. 整型常量在 C 语言中有十进制、八进制和十六进制 3 种不同的形式

C. C 语言中，所有变量使用前都必须先定义

D. 变量被定义后，变量名是固定的，变量的值在程序运行过程中也是不可改变的

2. 设 float i;，由键盘输入：123.4，能正确读入数据的输入语句是(　　)。

A. scanf("%d",&i)　　B. scanf("%f",&i);

C. scanf("%c",i);　　D. scanf("%s",&i);

3. 在 C 语言中，要求运算对象必须是整型的运算符是(　　)。

A. =　　B. %　　C. ||　　D. &

4. 若变量已正确说明为 float 型，要通过语句 scanf("%f%f%f",&a,&b,&c);给 a 赋予 10.0，b 赋予 22.0，c 赋予 33.0，下列不正确的输入形式是(　　)。

A. 10<回车>22<回车>33<回车>　　B. 10.0,22.0,33.0<回车>

C. 10.0<回车>22.0　33.0<回车>　　D. 10 22<回车>33<回车>

5. 已知 int i,a;，执行语句“i=(a=2*4,a*3),a+5;”后，变量 i 的值为(　　)。

A. 13　　B. 24　　C. 8　　D. 29

6. 下列定义中不正确的是(　　)。

A. int i,j;　　B. int i=2,j=3;　　C. int i=j=2;　　D. int i;int j;

7. 将整型变量 a,b 中的较大数赋值予整型变量 c,下列语句中正确的是(　　)。

A. (a>b)? c=a:c=b;　　B. c=(a>b)? a:b;

C. c=a>b,a<b　　D. c=(a<b):a:b

8. 若变量 a,i 已正确定义,且 i 已正确赋值,合法的语句是(　　)。

A. a==1　　B. ++i;　　C. a=a++=5;　　D. a=i

9. 在 C 语言中,退格符是(　　)。

A. \n　　B. \t　　C. \f　　D. \b

10. 在 C 程序中,判逻辑值时,用“非 0”表示逻辑值“真”, 又用“0”表示逻辑值“假”。在求逻辑值时,用( )表示逻辑表达式值为“真”, 又用( )表示逻辑表达式值为“假”。(　　)

A. 1　0　　B. 0　1　　C. 非 0　非 0　　D. 1　1

11. 在 C 语言中,运算对象必须是整型数的运算符是(　　)。

A. %　　B. \　　C. %和\　　D. *

12. 若有定义:int a=7;float x=2.5,y=4.7;,则表达式 x+a%3*(int)(x+y)%2/4 的值是(　　)。

A. 2.500000　　B. 2.750000　　C. 3.500000　　D. 0.000000

13. 若 x,i,j 和 k 都是 int 型变量,则计算表达式 x=(i=4,j=16,k=32)后,x 的值为(　　)。

A. 4　　B. 16　　C. 32　　D. 52

14. 设变量 a 是 int 型,f 是 float 型,i 是 double 型,则表达式 10+'a'+i*f 值的数据类型为(　　)。

A. int　　B. float　　C. double　　D. 不确定

15. 能正确表示逻辑关系:"a≥10 或 a≤0"的 C 语言表达式是(　　)。

A. a>=10 or a<=0　　B. a>=0|a<=10

C. a>=10 &&a<=0　　D. a>=10||a<=0

16. 设以下变量均为 int 类型,表达式的值不为 7 的是(　　)。

A. (x=y=6,x+y,x+1)　　B. (x=y=6,x+y,y+1)

C. (x=6,x+1,y=6,x+y)　　D. (y=6,y+1,x=y,x+1)

17. 设 x,y 均为整型变量,且 x=8; y=3;,则语句 printf("%d,%d\n",x--,--y); 的输出结果是(　　)。

A. 8,3　　B. 7,3　　C. 7,2　　D. 8,2

18. 设有:int a=1,b=2,c=3,d=4,m=2,n=2;,则执行语句(m=a>b)&&(n=c>d);后 n 的值是(　　)。

A. 1　　B. 2　　C. 3　　D. 4

19. 已知 int a=6;,则执行 a+=a-=a*a; 语句后,a 的值为(　　)。

A. 36　　B. 0　　C. -24　　D. -60

20. 已知 x,y,z 均为整型变量,且值均为 1,则执行语句 ++x||++y&&++z; 后,表达式 x+y 的值为(　　)。

A. 1　　B. 2　　C. 3　　D. 4

2.3.2 填空题

1. 在C语言中,在定义变量的同时给变量赋值称为(　　)。

2. 定义:double x=2.5,y=4.6;,则表达式(int)x * 0.5的值是(　　),表达式y+=x++的值是(　　)。

3. 定义:int i=3,j=4;,则表达式i=(i=7,j=3,i-j)的值是(　　)。

4. 在C语言中,合法标识符的第一个字符必须是(　　)。

5. 定义整型变量的关键字是(　　),定义实型变量的关键字是(　　),定义字符型变量的关键字是(　　)。

6. 假设整型变量x=5,那么表达式(!x)==(x!=0)的值为(　　)。

7. 请写出定义整型变量a,b,c,并为这3个变量均赋初值为5的语句(　　)(　　)(　　)。

8. 以下程序的输出结果为(　　)。

```
#include <stdio.h>
void main()
{
  printf("%f,%4.2f\n",3.14,3.1415);
}
```

9. 若已有定义int i; float x; char ch1;,为使变量i=5,x=18.25,ch1='A',则对应scanf函数调用语句的数据输入形式是(　　)。

10. 已有定义:char c=' ';int a=1,b;(此处c的初值为空格字符)。执行b=!c&&a;后b的值为(　　)。

2.3.3 编程题

1. 将小写字母a转换成大写字母A输出。

2. 通过键盘输入一实数,求其正弦值并输出。

3. 假设我国1995年工业产值为100,以12%的年增长率计算到2008年时的工业产值。

4. 已知圆的半径为r(r是一个可变的量),求圆的面积和周长。

2.3.4 测试题参考答案

【2.3.1 单项选择题参考答案】

1. D　2. B　3. B　4. B　5. B　6. C　7. B　8. B　9. D　10. A
11. A　12. A　13. C　14. C　15. D　16. C　17. D　18. B　19. D　20. C

【2.3.2 填空题参考答案】

1. 变量的初始化

2. 1.000000　7.100000

3. 4

4. 英文字母或下划线

5. int　float　char

6. 0

7. int a=5,b=5,c=5;

8. 3.140000,3.14

9. scanf("%d%f%c",&i,&x,&ch1);

10. 0

【2.3.3 编程题参考答案】

1. 程序如下：

```
#include <stdio.h>
void main( )
{
   char ch1,ch2;
   ch1 = 'a';
   ch2 = 'a' - 'A';
   printf("%c\n",ch1 - ch2);
}
```

2. 程序如下：

```
#include <stdio.h>
#include <math.h>
void main()
{
   double x,s;
   printf("Input a angle:");
   scanf("%lf",&x);
   s = sin(x * 3.14159/180.0);
   printf("sine of %lf is %lf\n",x,s);
}
```

3. 程序如下：

```
#include <stdio.h>
#include <math.h>
void main()
{
   int n;
   float r,value;
   n = 2008 - 1995;
   r = 0.11;
   value = 100 * pow(1.0 + r,(float)n);
   printf("2008 年的工业产值为 %f\n",value);
}
```

4. 程序如下：

```
#include <stdio.h>
#define PI 3.14159
void main()
{
```

```
    float r,area,s;
    printf("请输入圆的半径 r = ");
    scanf(" % f",&r);
    area = PI * r * r;
    s = 2 * PI * r;
    printf("圆面积 = % f,圆周长 = % f \n",area,s);
}
```

2.4 教材课后习题解答

【习题 2-1】上机编辑并调试本章所有例题。

答：略。

【习题 2-3】下面的变量名中哪些是合法的？

A&b abc123 abc% AbC a_b_c

int _abc 123abc a\b? c

a bc a * bc 'a'bc

答：合法的变量名有：abc123 AbC a_b_c _abc

【习题 2-5】把下列数学式子写成 C 语言表达式。

(1) $3.26e^x+\frac{1}{3}(a+b)^4$

(2) $2\sqrt{x}+\frac{a+b}{3\sin(x)}$

(3) $g\,\frac{m_1 m_2}{r^2}$

(4) $2\pi r+\pi r^2+\cos(45°)$

(5) $loan\,\frac{rate(1+rate)^{month}}{(1+rate)^{month}-1}$

对应的 C 语言表达式分别为：

(1) 3.26 * exp(x)+1.0/3 * pow(a+b,4)

(2) 2 * sqrt(x)+(a+b)/(3 * sin(x))

(3) g * m1 * m2/(r * r)

(4) 2 * 3.14 * r+3.14 * r * r+cos(3.14/180 * 45)

(5) loan * rate * pow(1+rate,month)/(pow(1+rate,month)-1)

【习题 2-7】逻辑表达式的值是什么？只能用 1 和 0 才能表示真值和假值吗？

答：逻辑表达式的值是一个逻辑量“真”或者“假”，不是只有用 1 表示真值，用 0 表示假值，但在判断一个量为真假时，常以 0 表示假，以非 0 表示真。

【习题 2-9】“&&”和“‖”严格地执行运算符优先级的规则吗，它的规则是什么？

答：逻辑运算符不按照规定的优先级计算。在逻辑表达式的求值过程中，如果从“&&”或“‖”左边的运算对象部分已经能够确定整个逻辑表达式的值，则不再求右边运算对象的值，这样做提高了运算速度。具体地说：若“&&”的左运算对象值为 0，则不再对右运算对象求值，因整个式子的结果必定为 0。若“‖”的左运算对象值为非 0，则不再对右运算对象求值，因整个式子的结果必定为 1。以上所说的这种运算的规则是 C 对逻辑运算的特殊处理规则。它严格地执行从左到右运算的规则，不受运算符优先级所影响。

【习题 2-11】将下面语句组进行简写。

```
(1) int i;
    int j;
(2) x = 0;
    y = 0;
(3) x = x + y;
(4) int x, y;
    x = y - (y/10) * 10;
(5) int x;
    x = x + 1;
(6) y = x;
    -- x;
```

对应的简写语句分别为：

```
(1) int i, j;
(2) x = y = 0;
(3) x += y;
(4) int x, y;
    x = y % 10;
(5) int x;
    x++; 或 x += 1; 或 ++x;
(6) y = x-- ;
```

第3章 顺序和选择结构程序设计

3.1 知识要点

(1) 程序设计方法包括3个基本步骤：分析问题、画出程序的基本轮廓、实现该程序。

(2) 良好的程序编写风格，可以增强程序的可读性、可移植性和可维护性。初学者要培养良好的程序编写风格，在书写程序时应遵循以下规则：

① 一个说明或一个语句占一行。

② 用{ }括起来的部分，通常表示了程序的某一层次结构。{ }一般与该结构语句的第一个字母对齐，并单独占一行。

③ 低一层次的语句或说明可比高一层次的语句或说明缩进若干格后书写，以便看起来更加清晰，增加程序的可读性。

(3) 复合语句可以将多个语句组成一个可执行的单元。一个复合语句在语法上等同于一个语句，即：

① 复合语句可以出现在一条语句所允许出现的任何地方。

② 花括号中的所有语句是一个整体，在程序中共进退，要么全部执行，要么一句都不执行。

(4) 掌握4个最基本的标准文件输入与输出函数：getchar，putchar，printf，scanf，其余输入输出函数详见后续章节。

(5) If语句的3种结构：

① 单分支结构。

② 双分支结构。

③ 多路分支结构。

注意：在if语句中可以嵌套另一个if语句，这种形式可以使if语句嵌套到任意深度。

嵌套原则：嵌套时else与其前面最靠近的if配对。

(6) switch语句用于多路分支结构，它使得程序更加简明清晰。

注意：在switch语句中与break语句的正确配合。

(7) 本章中介绍的一个重要算法是变量值的交换算法。变量值的交换必须使用一个中间变量。

3.2 重点与难点解析

【例题 3-1】 从键盘上输入一个小写英文字母，编程输出该字母所对应的大写字母。

【解析】 大写英文字母 A～Z 的 ASCII 码值为 65～90，小写字母 a～z 的 ASCII 码值为 97～122。每对字母的 ASCII 码值差都是 32，即'a'－'A'、'b'－'B'、'c'－'C'、…'z'－'Z'都等于 32。

```
#include <stdio.h>
void main()
{
    char c1,c2;
    c1 = getchar();
    c2 = c1 - 32;
    printf("%d, %d, %c, %c\n",c1,c2,c1,c2);
}
```

【例题 3-2】 当 a＝1，b＝3，c＝5，d＝4 时，执行以下程序段后 x 的值是（　　）。

```
if(a<b)
  if(c<d)
    x = 1;                          /*a<b&&c<d*/
  else
    if(a<c)
      if(b<d)
        x = 2;                      /*a<b<d<=c*/
      else
        x = 3;                      /*a<b&&a<c&&c>=d&&b>=d*/
    else
        x = 6;                      /*d<=c<=a<b*/
  else
        x = 7;                      /*a>=b*/
```

【解析】 嵌套 if 语句在使用时一定要掌握基本的原则：else 与之前面最近（未曾配对）的 if 配对。根据此原则可以确定例程中的 4 层嵌套关系的配对如图中括号所示（注意：在程序设计中若有 3 个以上的缩进，就要考虑修改程序结构或者使用函数。太多的缩进嵌套格式对于程序的执行效率和易读性都是致命的杀手）。

【例题 3-3】 输入 3 个整数 x，y，z，请把这 3 个数由小到大输出。

【解析】 想办法把最小的数放到 x 上，即先将 x 与 y 进行比较，如果 x>y 则将 x 与 y 的值进行交换，然后再用 x 与 z 进行比较，如果 x>z 则将 x 与 z 的值进行交换，这样能使 x 最小，然后将 y 与 z 进行比较，将最大的数放到 z 上，如果 y>z，将 y 与 z 的值进行交换。

```
#include <stdio.h>
void main()
{
    int x,y,z,t;
    scanf("%d%d%d",&x,&y,&z);
```

```
  if (x>y)
  {  t=x;x=y;y=t;  }        /*交换x,y的值*/
  if(x>z)
  {  t=z;z=x;x=t;  }        /*交换x,z的值*/
  if(y>z)
  {  t=y;y=z;z=t;  }        /*交换z,y的值*/
  printf("small to big: %d %d %d\n",x,y,z);
}
```

【例题 3-4】 某服装店经营套服且单件出售。若一次购买不少于 100 套,则每套 88 元;若不足 100 套,则每套 98 元;只买上衣每件 66 元;只买裤子每条 48 元。请编程读入所买上衣 c 和裤子 t 的件数,计算应付款数 m。

【解析】 由题目可知,根据裤子和衣服的购买数量需分 3 种情况进行讨论,即对应外层嵌套语句,每种情况又可以按照成套和非成套价格进行细分。对于嵌套在内层的 if 语句可以不用花括号括起来。但为了使结构更清晰,建议嵌套在内层的 if 语句最好加上花括号。

```
#include <stdio.h>
void main( )
{
  int c,t,m;
  printf("input the number of coat and trousers you want to buy:\n");  /*从键盘输入购物数量*/
  scanf("%d%d",&c,&t);
  if(c==t)
  {
    if(c>=100)
       m=c*88;
    else
       m=c*98;
  }
  else if(c>=t)
  {
    if(t>=100)
       m=t*88+(c-t)*66;
    else
       m=t*98+(c-t)*66;
  }
  else
  {
       if(c>=100)
         m=c*88+(t-c)*48;
       else
         m=c*98+(t-c)*48;
  }
  printf("%d",m);
}
```

【例题 3-5】 输入某年某月某日,判断这一天是这一年的第几天。

【解析】 以 3 月 5 日为例,应该先把前两个月的天数加起来,然后再加上 5 天即本年的第几天,特殊情况:闰年且输入月份大于 3 时须考虑多加一天。

```
#include <stdio.h>
void main()
{
  int day,month,year,sum,leap;
  printf("\nplease input year,month,day\n");
  scanf("%d,%d,%d",&year,&month,&day);
  switch(month)                          /*先计算某月以前月份的总天数*/
  {
    case 1:sum=0;break;
    case 2:sum=31;break;
    case 3:sum=59;break;
    case 4:sum=90;break;
    case 5:sum=120;break;
    case 6:sum=151;break;
    case 7:sum=181;break;
    case 8:sum=212;break;
    case 9:sum=243;break;
    case 10:sum=273;break;
    case 11:sum=304;break;
    case 12:sum=334;break;
    default:printf("data error");break;
  }
  sum=sum+day;                                    /*再加上某天的天数*/
 if(year%100==0||(year%4==0&&year%100!=0))  /*判断是不是闰年*/
  leap=1;
 else
  leap=0;
 if(leap==1&&month>2)                  /*如果是闰年且月份大于2,总天数应该加一天*/
  sum++;
 printf("It is the %dth day:",sum);
}
```

【例题 3-6】执行以下程序段后的运行结果是(　　)。

```
#include <stdio.h>
void main()
{
    int a=3,b=4,c=5,t=99;
    if(a<b&&b<c) t=a;a=c;c=t;
    printf("%d,%d,%d\n",a,b,c);
}
```

【解析】在学习程序语言和进行程序设计的时候,交换两个变量的值是经常要做的。

通常的做法是：定义一个新的变量,借助它完成交换。这种算法易于理解,特别适合帮助初学者了解计算机程序的特点,是赋值语句的经典应用。

在实际软件开发中,此算法简单明了,不会产生歧义,便于程序员之间的交流,一般情况下碰到交换变量值的问题,都应采用此算法,即为标准算法。

使用时要注意,交换的3条语句须写入大括号变成一条复合语句,否则程序的执行会得出意外的结果,如上例所示,当a＜b＜c时,完成a与c的交换,否则执行a＝c。

【正确答案】5,4,3

3.3　测试题

3.3.1　单项选择题

1. 以下程序的输出结果是(　　)。

```
# include < stdio.h >
void main()
{   printf(" % d\n",NULL); }
```

A. 不确定的(因变量无定义)　　B. 0

C. －1　　D. 1

2. 以下程序的输出结果是(　　)。

```
# include < stdio.h >
void main()
{
   int a = 2,c = 5;
   printf("a = % % d,b = % % d\n",a,c);
}
```

A. a=%2,b=%5　　B. a=2,b=5

C. a=%%d,b=%%d　　D. a=%d,b=%d

3. 以下程序的输出结果是(　　)。

```
#include < stdio.h >
void main()
{ int a,b,d = 241;
  a = d/100 % 9;
  b = ( - 1)&&( - 1);
  printf(" % d, % d\n",a,b); }
```

A. 6,1　　B. 2,1　　C. 6,0　　D. 2,0

4. 若x和y都是int型变量,x=100,y=200,且有程序片段:printf("%d",(x,y));,其输出结果是(　　)。

A. 200　　B. 100

C. 100 200　　D. 输出格式符不够,输出不确定的值

5. 请读程序:

```
#include < stdio.h >
void main()
{
  int a; float b,c;
  scanf(" % 2d % 3f % 4f",&a,&b,&c);
  printf("\na = % d,b = % f,c = % f\n",a,b,c);
}
```

若程序运行时从键盘上输入 9876543210<CR>（<CR>表示回车），则上面程序的输出结果是（　　）。

A. a=98,b=765,c=4321　　B. a=10,b=432,c=8765

C. a=98,b=765.000000,c=4321.000000　　D. a=98,b=765.0,c=4321.0

6. 执行下面程序后，输出结果是（　　）。

```
void main()
{
  int a;
  printf("%d\n",(a=3*5,a*4,a+5));
}
```

A. 65　　B. 20　　C. 15　　D. 10

7. 以下对程序输出结果描述正确的是（　　）。

```
void main()
  {
    int a=5,b=0,c=0;
    if(a=b+c) printf("***\n");
    else
      printf("$$$\n");
  }
```

A. 有语法错不能通过编译　　B. 可以通过编译但不能通过链接

C. 输出 ***　　D. 输出 $$$

8. 以下程序的输出是（　　）。

```
#include <stdio.h>
void main()
{
   int x=2,y=-1,z=2;
   if(x<y)
     if(y<0)
       z=0;
     else
       z+=1;
   printf("%d\n",z);
}
```

A. 3　　B. 2　　C. 1　　D. 0

9. 若变量都已正确定义，则以下程序段的输出是（　　）。

```
a=10;b=50;c=30;
if(a>b) a=b,b=c;
c=a;
printf("a=%db=%dc=%d\n",a,b,c);
```

A. a=10 b=30 c=10　　B. a=10 b=50 c=10

C. a=50 b=30 c=10　　D. a=50 b=30 c=50

10. 设有说明语句：int a=1,b=2,c=3,d=4,m=2,n=2;，则执行(m=a>b)&&(n=

c>d)后 n 的值为(　　)。

A. 1　　B. 2　　C. 3　　D. 4

3.3.2 填空题

1. 当 a=3,b=2,c=1 时;,表达式 f=a>b>c 的值是(　　)。

2. 满足以下要求 1 的逻辑表达式是(　　),满足以下要求 2 的逻辑表达式是(　　)。

要求 1:判断坐标为(x,y)的点,在内径为 a、外径为 b、中心在 0 点上的圆环内的表达式。

要求 2:写出 x 的值必须是 2、4、6、7、8 的判断表达式。

3. 为了使以下程序的输出结果为 t=4,输入值 a 和 b 应满足的条件是(　　)。

```
#include <stdio.h>
void main()
{
    int a,t,a,b;
    scanf("%d,%d",&a,&b);
    s=1;
    t=1;
    if(a>0) s=s+1;
    if(a>b)
      t=s+t;
    else if(a==b)
      t=5;
    else
      t=2*s;
    printf("s=%d,t=%d",s,t);
}
```

4. 根据以下给出的嵌套 if 语句,填写对应的 switch 语句,使它完成相同的功能(假设 mark 的取值为 1～100。)

if 语句:

```
if(mark<60)k=1;
else if(mark<70) k=2;
else if(mark<80) k=3;
else if(mark<90) k=4;
else if(mark<=100) k=5;
```

switch 语句:

```
switch(①)
{
  ② k=1;break;
  case 6: k=2;break;
  case 7: k=3;break;
  case 8: k=4;break;
  ③ k=5;
}
```

5. 以下程序运行后的输出结果是(　　)。

```
#include < stdio.h>
void main()
{
    int a = 3,b = 4,c = 5,t = 99;
    if(b < a&&a < c) t = a;a = c;c = t;
    if(a < c&&b < c) t = b;b = a;a = t;
    printf("%d %d %d\n",a,b,c);
}
```

3.3.3 编程题

1. 输入圆的半径 r 和运算标志 m 后，试编程按照运算标志进行表 1-3-1 中的指定计算。

表 1-3-1

运算标志 m	计　算
A	面积
C	周长
B	二者均计算

2. 编程计算 y 年 m_1 月 d_1 日与同年的 m_2 月 d_2 日之间的天数($m_2 \geqslant m_1$)，并打印计算结果。若 $m_1 = m_2$ 且 $d_1 = d_2$ 则算 1 天。

3.3.4 测试题参考答案

【3.3.1 单项选择题参考答案】

1. B　2. D　3. B　4. A　5. C　6. B　7. D　8. B　9. B　10. B

【3.3.2 填空题参考答案】

1. 0

2. (x * x+y * y>a * a)&&(x * x+y * y<b * b)　x==2||x==4||x==6||x==7||x==8

3. 0<a<b

4. ①mark/10 ② case0:case1:case2:case3:case4:case5:③case9:case10:

5. 4 5 99

【3.3.3 编程题参考答案】

1. 程序如下：

```
#define PI 3.14159
#include < stdio.h>
void main()
{
        char m;
        float r,area,perimeter;
        printf("input r and mark m:");      /*从键盘输入圆半径及标志 m*/
        scanf("%f,%c",&r,&m);
```

```
    if(m == 'a')
    {
        area = PI * r * r;
        printf("Area is %f",area);
    }
    if(m == 'c')
    {
        perimeter = 2 * PI * r;
        printf("Perimeter is %f",perimeter);
    }
    if(m == 'b')
    {
        area = PI * r * r;
        perimeter = 2 * PI * r;
        printf("Area is %f\n",area);
        printf("Perimeter is %f",perimeter);
    }
}
```

2. 程序如下：

```
#include <stdio.h>
void main()
{
    int y,m1,d1,m2,d2;
    int i,d;
    scanf("%d,%d,%d,%d,%d",&y,&m1,&d1,&m2,&d2);
    y = (y%4 == 0&&y%100!= 0||y%400 == 0)?1:0;
    d = 0 - d1;
    for(i = m1;i < m2;i++)
      switch(i)
    {
      case 1:case 3:case 5:case 7:case 8:case 10:case 12:
           d+ = 31;
           break;
      case 2:d = d + 28 + y;
           break;
      case 4:case 6:case 9:case 11:
           d += 30;
    }
    printf("%d",d + d2 + 1);
}
```

3.4 教材课后习题解答

【习题 3-1】请从以下的 4 个选项中选择 1 个正确答案。

1. 结构化程序设计的 3 种基本结构是(　　)。

A. 函数结构、判断结构、选择结构　　B. 平行结构、嵌套结构、函数结构

C. 顺序结构、选择结构、循环结构　　D. 判断结构、嵌套结构、循环结构

【正确答案】C

2. putchar( )函数可以向终端输出一个(　　)。

A. 整型变量表达式值　　B. 实型变量值

C. 字符串　　D. 字符或字符型变量值

【正确答案】D

3. 若已定义 double y;,拟从键盘输入一个值赋给变量 y,则正确的函数调用是(　　)。

A. `scanf("%d",&y);`　　B. `scanf("%7.2f",&y);`

C. `scanf("%lf",&y);`　　D. `scanf("%ld",&y);`

【正确答案】C

4. 若有以下定义：float x; int a，b;,则正确的 switch 语句是(　　)。

A.
```
switch(x)
{ case 1.0:printf("*\n");
  case 2: printf("**\n")
}
```

B.
```
switch(x)
{ case 1,2:printf("*\n");
  case 3:printf("**\n");
}
```

C.
```
switch(a+b)
{ case 1: printf("*\n") ;
  case 2: printf("** n");
}
```

D.
```
switch(a-b);
{ case 1:printf("*\n");
  case 2:printf("**\n");
}
```

【正确答案】C

5. 为了避免嵌套的 if-else 语句的二义性,C 语言规定 else 总是与(　　)组成配对关系。

A. 缩排位置相同的 if　　B. 在其之前未配对的 if

C. 在其之前尚未配对的最近的 if　　D. 同一行上的 if

【正确答案】C

【习题 3-3】下面哪些语句是合法的？(　　)

(1)
```
if(a==b) printf("Hello");
```

(2)
```
if(a==b) {printf("Hello")}
```

(3)
```
if(a==b)
        printf("Hello")
else
        printf("Goodbye");
```

(4)
```
if a==b
        printf("Hello");
```

【正确答案】(1)

【习题 3-5】有如下 if 条件语句：

```
if(a<b){ if(c<d)x=1;else if(a<c)if(b<d)x=2;else x=3;}
else if(c<d)x=4;else x=5;
```

试按缩进对齐的格式将以上语句改写为结构更清晰的等效 if 语句,并在每个条件表达式之后用逻辑表达式注释所满足的条件。

【正确答案】

```
if(a<b)                 /*a<b*/
{
  if(c<d)               /*(a<b)&&(c<d)*/
    x=1;
  else if(a<c)          /*(a<b)&&(a<c)*/
    if(b<d)             /*(a<b)&&(a<c)&&(b<d)*/
      x=2;
    else                /*(a<b)&&(a<c)&&(b>=d)*/
       x=3;
}
else if(c<d)            /*(a>=b)&&(c<d)*/
  x=4;
else                    /*(a>=b)&&(c>=d))*/
  x=5;
```

【习题 3-7】 写一程序，从键盘上输入 1 年份 year(4 位十进制数)，判断其是否是闰年。闰年的条件是：能被 4 整除、但不能被 100 整除，或者能被 400 整除。

程序如下：

```
/*c3_7.c*/
#include "stdio.h"
void main()
{
  int year;
  scanf("%d",&year);
  if(year%400==0||(year%4==0&&year%100!=0))
    printf("%d is a leap year\n",year);
  else
    printf("%d is not a leap year\n",year);
}
```

【习题 3-9】 编程序计算下面的函数：

$$y=\begin{cases} e^{\sqrt{x}}-1 & 0<x<1 \\ |x|+2 & 3\leqslant x\leqslant 4 \\ \sin(x^2) & \text{当 x 取其他值时} \end{cases}$$

程序如下：

```
/*c3_9.c*/
#include <stdio.h>
#include <math.h>
void main( )
{
  float x,y;
  printf("输入 x:");
  scanf("%f",&x);
  if(x>0&&x<1)                          /*若 0<x<1*/
    y=exp(sqrt(x))-1;
  else if(x>=3&&x<=4)                   /*若 3≤x≤4*/
```

```
    y = fabs(x) + 2;
  else                                          /* 若 x 为其他值
    y = sin(x * x);
    printf("x = %.1f,y = %.2f\n",x,y);
}
```

【习题 3-11】输入一个整数 m，判断它能否被 3、13、17 整除，如果能被三个数之一整除，则输出它能被整除的信息，否则输出 m 不能被 3、13、17 整除的信息。试编写该程序。

程序如下：

```
/* c3_11.c */
#include <stdio.h>
void main( )
{
  int m;
  scanf("%d",&m);                       /* 从键盘输入 m */
  if(m % 3 == 0||m % 13 == 0||m % 17 == 0)
    printf("can be divided!");
  else
    printf("can not be divided!");
}
```

【习题 3-13】某产品的国内销售价为 80 箱以下，每箱 350 元，超过 80 箱，超过部分每箱优惠 20 元；国外销售价为 1000 箱以下每箱 900 元，超过 1000 箱，超过部分每箱优惠 15 元。试编写计算销售额的程序。

程序如下：

```
/* c3_13.c */
#include <stdio.h>
void main( )
{ float money;
  int national,count;
  printf("Input national or external: ");          /* 输入国内外信息 */
  scanf("%d",&national);
  printf("Input count of product: ");               /* 输入销售量 */
  scanf("%d",&count);
  if(national)                                      /* 国内销售 */
    if(count <= 80)
     money = count * 350.0;
    else
     money = count * 350.0 - (count - 80.0) * 20.0;
  else                                              /* 国外销售 */
    if( count <= 1000)
      money = count * 900.0;
    else
      money = count * 900.0 - (count - 1000.0) * 15.0;
  printf("total = %f",money);
}
```

【习题 3-15】企业发放的奖金根据利润提成。利润(I)低于或等于 10 万元时，奖金可提

10%；利润高于10万元，低于20万元时，低于10万元的部分按10%提成，高于10万元的部分可提成7.5%；20万元到40万元之间时，高于20万元的部分可提成5%；40万元到60万元之间时，高于40万元的部分可提成3%；60万元到100万元之间时，高于60万元的部分可提成1.5%，高于100万元时，超过100万元的部分按1%提成，从键盘输入当月利润I，求应发放奖金总数。

程序如下：

```
/*c3_15.c*/
#include <stdio.h>
main()
{
  long int i;
  int bonus1,bonus2,bonus4,bonus6,bonus10,bonus;
  scanf("%ld",&i);
  bonus1 = 100000 * 0.1;                          /*利润为10万元时的奖金*/
  bonus2 = bonus1 + 100000 * 0.75;                /*利润为20万元时的奖金*/
  bonus4 = bonus2 + 100000 * 0.5;                 /*利润为40万元时的奖金*/
  bonus6 = bonus4 + 100000 * 0.3;                 /*利润为60万元时的奖金*/
  bonus10 = bonus6 + 400000 * 0.15;               /*利润为100万元时的奖金*/
  if(i<=100000)
     bonus = i * 0.1;                             /*利润在10万元以内按0.1提成奖金*/
  else if(i<=200000)
     bonus = bonus1 + (i - 100000) * 0.075;       /*利润在10万元至20万元时的奖金*/
  else if(i<=400000)
     bonus = bonus2 + (i - 200000) * 0.05;        /*利润在20万元至40万元时的奖金*/
  else if(i<=600000)
     bonus = bonus4 + (i - 400000) * 0.03;        /*利润在40万元至60万元时的奖金*/
  else if(i<=1000000)
     bonus = bonus6 + (i - 600000) * 0.015;       /*利润在60万元至100万元时的奖金*/
  else
     bonus = bonus10 + (i - 1000000) * 0.01;      /*利润在100万元以上时的奖金*/
  printf("bonus = %d",bonus);
}
```

第4章 循环结构程序设计

4.1 知识要点

(1) 理解循环的概念。

(2) 熟练掌握 for 循环的流程,并学会利用 for 循环结构编写程序。

(3) 掌握 while 循环的流程,并学会利用 while 循环结构编写程序。

(4) 掌握 do-while 循环的流程,并学会利用 do-while 循环结构编写程序。

(5) 理解 continue、break、goto 三种跳转语句的功能及其应用。

(6) 理解多重循环的概念及其执行流程。

4.2 重点与难点解析

【例题 4-1】输入任意一个大于等于 2 的整数 n,判断该数是否是素数并输出相应的结果。请阅读下列程序,指出哪些程序是正确的?哪些不正确?为什么?

程序 1:

```
#include <stdio.h>
void main()
{
  int i,n;
  printf("input n(n>=2):");
  scanf("%d",&n);
  if(n<2)
  {
    printf("input error\n");
    return;
  }
  if(n==2)
    printf("2 is a prime\n");
  else
  {
    for(i=2;i<n;++i)
```

```
        if(!(n%i))
        {
          printf("%d isn't a prime\n",n);
          return;
        }
      printf("%d is a prime\n",n);
    }
}
```

程序 2：

```
#include <stdio.h>
void main()
{
  int i,j,n;
  printf("input n(n>=2):");
  scanf("%d",&n);
  if(n<2)
  {
     printf("input error\n");
     return;
  }
  if(!(n&1)&&n!=2)
  {
     printf("%d is not prime\n",n);
     return;
  }
  for(i=3,j=sqrt(n);i<j;i+=2)
     if(!(n%i))
     {
         printf("%d is not prime\n",n);
         return;
     }
  printf("%d is a prime\n",n);
}
```

【解析】素数的定义为：除 1 和自身以外不含任何其他因子的整数。2 是最小的素数。因此，判断一个整数 n 是否是一个素数就是要找 n 是否包含 1 和自身以外的其他因子。由此可得，用 2 至 n－1(或 2 至 n/2，或 2 至 $\sqrt{n}$)作除数 i，如果 i 均不能整除 n(表达式 n%i 结果非 0)，则 n 是一个素数，否则不是。

此外，按照素数的定义，除 2 以外的偶数一定不是素数，因此可以首先检查输入的整数 n，如果 n 是一个偶数且不等于 2(表达式(!(n%2)&&n!=2)非 0，或(!(n&1)&&n!=2)非 0)，则可以直接输出 n 不是素数的结论。如果 n 已经确定为奇数，还可以使除数 i 从 3 开始，且 i 每次增加 2，这样处理减少了运算次数，从而提高了程序的运行速度。

【正确答案】程序 1 正确，程序 2 不正确。

说明：程序 2 中的 j 值是最后一个除数，因此循环条件应为 i<=j 而不是 i<j;，否则，会因为漏掉一个除数而使不符合素数定义的数被作为素数输出。此外，程序 2 中用了标准函数 sqrt 但未包含头文件 math.h。

通过本例，读者在编写循环条件时一定要仔细、严密、逻辑简单且结构清晰。

【例题 4-2】任取 1～9 中的 4 个互不相同的数，使它们的和为 10。用穷举法输出所有满足条件的 4 个数的排列，每行显示 5 组数。

【解析】穷举法算法：假设 i、j、k、m 分别代表 4 个数，列出它们所有的排列，从中找出符合条件的 i、j、k 和 m(i+j+k+m=10，且 4 个数互不相同)。这种方法一定能找出全部解，因为它搜索了所有可能的排列。由于穷举法对所有可能情况都进行了搜索，所以计算机工作量很大，离开了计算机，穷举法只能是理论上可行而实际上不可行的计算方法。

【正确答案】

```
#include <stdio.h>
void main()
{
  int i,j,k,m,n = 0;
   for(i = 1;i < 10;i++)
     for(j = 1;j < 10;j++)
       for(k = 1;k < 10;k++)
         for(m = 1;m < 10;m++)
         {
           if(i == j||i == k||i == m||j == k||j == m||k == m)
               continue;
           if(i + j + k + m!= 10)
               continue;
           n++;
           printf("{ %d, %d, %d, %d}\t",i,j,k,m);
           if(n % 5 == 0)
               printf("\n");
         }
}
```

【例题 4-3】编程输出 1～999 中能被 3 整除，且至少有一位数字是 5 的所有整数。每行输出 8 个数。

【解析】此题的关键是如何得到一个整数的各位数。提供两种思路：第 1 种方法是分别用不同表达式表示整数的各位数；第 2 种方法是用循环结构从低位向高位逐步分离出一个整数的各位数。用第 1 种方法写的程序只适用于 1～3 位整数，无通用性；用第 2 种方法写的程序适用于任何整数，有通用性。

【正确答案】

解 1：

```
#include <stdio.h>
void main()
{
   int n,k = 0;
   for(n = 1;n < 1000;++n)
     if(!(n % 3)&&(n - n/10 * 10 == 5||n/10 - n/10/10 * 10 == 5||(n/100) == 5))
     {
       if(++k > 8)
       {
```

```
            printf("\n");
            k = 1;
          }
          printf(" %8d",n);
        }
      printf("\n");
}
```

其中表达式 n－n/10＊10、n/10－n/10/10＊10、(n/100)分别表示 n 的个位、十位和百位,还可以写成 n%10、n/10%10 和 n/100%10。

解 2:

```
#include <stdio.h>
void main()
{
   int i,n,r,k;
   k = 0;
   for(i = 1;i <= 999;i++)
     if(!(i%3))
     {
       n = i;
       do
       {
         r = n%10;n/ = 10;
       }while(r!= 5&&n > 0);
       if(r = = 5)
       {
         printf(" %d\t",i);
         k++;
         if(!(k%8)) printf("\n");
       }
     }
    if(k%8)
     printf("\n");
}
```

【例题 4-4】阅读下列程序,请写出输入为 6 时程序的输出结果。

```
#include <stdio.h>
void main()
{
   int i,j,n;
   long sum,term;
   printf("input n:");
   scanf(" %d",&n);
   for(sum = 0,i = 1;i <= n;++i)
   {
     term = 1;
     j = 1;
     do
     {  term * = i;
```

```
    }while(++j<=i);
    sum += term;
  }
  printf("sum= %ld\n",sum);
}
```

【解析】此程序的主体应是一个嵌套的循环语句。外循环是 for 语句，外循环的循环体由一个 do-while 语句、给变量 term 和 j 赋初值的赋值表达式语句及求 term 的累加和的赋值表达式(sum += term)语句组成。该程序的输出是 n 个 term 的累加和，每一个 term 均为 i^i(i=1～n)，故此程序是求多项式 $1^1+2^2+\cdots+n^n$，当 n=6 时的计算结果。

【正确答案】程序的输出为：

```
sum=50069
```

【例题 4-5】写出下面程序的运行结果。

```
#include <stdio.h>
void main()
{
   int k=0;
   char c='A';
   do
   {
     switch(c++)
     {
       case 'A':k++;break;
       case 'B':k--;
       case 'C':k+=2;break;
       case 'D':k=k%2;continue;
       case 'E':k=k*10;break;
       default:k=k/3;
     }
     k++;
   }while(c<'G');
   printf("k= %d\n",k);
}
```

【解析】注意在 switch 语句中是可以出现 continue 语句的，所表示的含义保持不变，在本例中 continue 表示的含义是退出直到型循环 do-while，因为 switch 是嵌套在 do-while 中的一条语句，也是 do-while 循环体的一部分。

【正确答案】k=4

4.3 测试题

4.3.1 单项选择题

1. 下面有关 for 循环的正确描述是(　　)。

A. for 循环只能用于循环次数已经确定的情况

B. for 循环是先执行循环体语句,后判断表达式

C. 在 for 循环中,不能用 break 语句跳出循环体

D. for 循环的循环体语句中,可以包含多条语句,但必须用花括号括起来

2. 以下描述正确的是(　　)。

A. goto 语句只能用于退出多层循环

B. switch 语句中不能出现 break 语句

C. 只能用 continue 语句来终止本次循环

D. 在循环中 break 语句不能独立出现

3. 对 for(表达式 1; ;表达式 3)可理解为(　　)。

A. for(表达式 1;0;表达式 3)　　B. for(表达式 1;1;表达式 3)

C. for(表达式 1;表达式 1;表达式 3)　　D. for(表达式 1;表达式 3;表达式 3)

4. 若 i 为整型变量,则 for(i=2;i==0;) printf("%d",i--);语句的循环执行次数是(　　)。

A. 无限次　　B. 0 次　　C. 1 次　　D. 2 次

5. for(x=0,y=0;(y=123)&&(x<4);x++);,语句的循环执行次数是(　　)。

A. 无限循环　　B. 循环次数不定　　C. 执行 4 次　　D. 执行 3 次

6. 以下不是死循环的语句为(　　)。

A. for(y=0,x=1;x>=++y;x=i++) i=x;

B. for(; ;x+=i);

C. while(1) {x++;}

D. for(i=10; ;i--) sum+=i;

7. 下面程序段的输出结果是(　　)。

```
for(y=1;y<10;)
  y=((x=3*y,x+1),x-1);
printf("x=%d,y=%d",x,y);
```

A. x=27,y=27　　B. x=12,y=13　　C. x=15,y=14　　D. x=y=27

8. 下列程序是求 1～100 的累加和,其中有 3 个能够完成规定的功能,有 1 个所完成的功能与其他程序不同,它是(　　)。

A.
```
s=0; i=0;
while(i<100)
  s+=i++;
```

B.
```
s=0; i=0;
while(i++<100)
  s+=i;
```

C.
```
s=0; i=0;
while(i<100)
  s+=++i;
```

D.
```
s=0; i=0;
while(++i<=100)
  s+=i;
```

9. 下面程序的运行结果是(　　)。

```
for(x=3;x<6;x++)
  printf((x%2)?("**%d"):("##%d\n"),x);
```

A.
```
**3
##4
**5
```

B.
```
##3
**4
##5
```

C.
```
##3
**4##5
```

D.
```
**3##4
**5
```

10. 下面程序的运行结果是（　　）。

```
int i;
for(i = 1;i <= 5;i++)
{
  switch(i % 5)
  {
    case 0: printf(" * ");break;
    case 1: printf(" # ");break;
    default: printf("\n");
    case 2: printf("&");
  }
}
```

A. #&&&*

B. #&
&
&*

C. #
&
&
&
*

D. #&

*

11. 下面有关for循环的正确描述是（　　）。

A. for循环只能用于循环次数已经确定的情况

B. for循环是先执行循环体语句，后判断表达式

C. 在for循环中，不能用break语句跳出循环体

D. for循环的循环体语句中，可以包含多条语句，但必须用花括号括起来

12. 已知：

```
int t = 0;
 while(t = 1)
 {…}
```

则以下叙述正确的是（　　）。

A. 循环控制表达式的值为0

B. 循环控制表达式的值为1

C. 循环控制表达式不合法

D. 以上说法都不对

13. 有如下程序：

```
# include < stdio.h >
void main()
{
  int n = 9;
  while(n > 6)
  {
    n -- ;
    printf(" % d",n);
    }
}
```

该程序的输出结果是（　　）。

A. 987

B. 876

C. 8765

D. 9876

14. 设有以下程序段：

```
int x = 0,s = 0;
while(!x!= 0) s += ++x;
printf(" %d",s);
```

则(　　)。

A. 运行程序段后输出 0　　　　B. 运行程序段后输出 1

C. 程序段中的控制表达式是非法的　　　　D. 程序段执行无限次

15. 对于以下程序段：

```
x = -1;
do
{
  x = x * x;
 }while(!x);
```

正确的是(　　)。

A. 是死循环　　B. 循环执行两次　　C. 循环执行一次　　D. 有语法错误

16. 有如下程序：

```
#include <stdio.h>
void main()
{
  int x = 23;
  do
  {
    printf(" %d",x--);
  }while(!x);
}
```

该程序的执行结果是(　　)。

A. 321　　　　B. 23

C. 不输出任何内容　　　　D. 陷入死循环

17. 以下程序的输出结果是(　　)。

```
#include <stdio.h>
void main()
{
  int i,j,x = 0;
  for(i = 0;i < 2;i++)
  {
    x++;
    for(j = 0;j < 3;j++)
    {
      if(j % 2)
         continue;
      x++;
    }
    x++;
```

```
  }
  printf("x = %d\n",x);
}
```

A. x=4　　B. x=8　　C. x=6　　D. x=12

18. 对以下Ⅰ、Ⅱ两个语句描述正确的是(　　)。

Ⅰ. while(1)　　Ⅱ. for(;;)

A. 都是无限循环　　B. Ⅰ是无限循环，Ⅱ错误

C. Ⅰ循环一次，Ⅱ错误　　D. 以上答案都错

19. 下列程序的输出结果是(　　)。

```
#include<stdio.h>
void main()
{
  int i,a = 0,b = 0;
  for(i = 1;i<10;i++)
  {
    if(i%2 == 0)
    {
      a++;
      continue;
    }
  b++;
  }
  printf("a = %d,b = %d",a,b);
}
```

A. a=4,b=4　　B. a=4,b=5　　C. a=5,b=4　　D. a=5,b=5

20. 若i,j已经定义为整型，则以下程序段中，内循环体的执行次数是(　　)。

```
for(i = 6;i;i--)
  for(j = 0;j<5;j++)
  {…}
```

A. 40　　B. 35　　C. 30　　D. 25

4.3.2 填空题

1. 以下程序的功能是：输出0～100之间能被6整除且个位数为6的所有整数，请填空：

```
#include<stdio.h>
 void main()
{
  int i,j;
  for(i = 0;___①___;i++)
  {
    j = i*10 + 6;
    if(___②___)
    continue;
```

```
    printf("%-6d,j);
  }
}
```

2. 执行下面程序后,k 的值是(　　)。

```
#include<stdio.h>
void main()
{
  int num=26,k=1;
  do
  {
    k*=num%10;
     num/=10;
  }while(num);
  printf("%d",k);
}
```

3. 下面程序的功能是统计正整数的各位数字零的个数,并求各位数字中的最大数。完成下面的程序填空。

```
#include<stdio.h>
void main()
{
  int n,count,max,t;
  count=max=0;
  scanf("%d",&n);
  do
  {
      t=___①___;
      if(t==0)
         ++count;
      else if(max<t)
         ___②___;
      else
         ;
      n/=10;
   }while(n);
  printf("count=%d,max=%d",count,max);
}
```

4. 下面程序的功能是:从键盘上输入若干个学生的成绩,统计并输出最高和最低成绩,当输入负数时结束输入,填充程序。

```
#include<stdio.h>
void main()
{
    float x,amax,amin;
    ___①___;
    amax=x;   amin=x;
    while(___②___)
    {
```

```
        if(x > amax)
          amax = x;
        if(x < amin) amin = x;
          ___③___;
    }
    printf("amax is %f,amin is %f",amax,amin);
}
```

5. 下面程序的功能是计算正整数 2345 的各位数字的平方和，请填空。

```
#include <stdio.h>
main()
{
  int n = 2345,sum = 0;
  do
  {
      sum = sum + ___①___;
    n = ___②___;
  }while(n);
  printf("sum = %d",sum);
}
```

4.3.3 编程题

1. 求解满足 $1+2+3+4+5+\cdots+n\geqslant 500$ 的最小值 n 和总和值。

2. 打印出 100 以内的所有勾股数。勾股数就是满足 $x^2+y^2=z^2$ 的自然数。最小的勾股数是 3,4,5。

4.3.4 测试题参考答案

【4.3.1 单项选择题参考答案】

1. D　2. C　3. B　4. B　5. C　6. A　7. C　8. A　9. D　10. B

11. D　12. B　13. B　14. B　15. C　16. B　17. B　18. A　19. B　20. C

【4.3.2 填空题参考答案】

1. ① i<10　② j%6!=0

2. 12

3. ① n%10　② max=t

4. ① scanf("%f",&x)　② x>=0　③ scanf("%f",&x);

5. ① (n%10)*(n%10)　② n/10

【4.3.3 编程题参考答案】

1. 程序如下：

解 1：

```
#include <stdio.h>
void main()
{
  int i,s = 0;
```

```
  for(i = 1;;i++)
  {
    s += i;
    if(s >= 500)
       break;
  }
  printf("i = %d,s = %d",i,s);
}
```

解 2：

```
#include <stdio.h>
void main()
{
  int i = 1,s = 0,n;
  while(s < 500)
  {
    s += i;
    i++;
  }
  printf("n = %d,s = %d",i - 1,s);
}
```

2. 程序如下：

```
#include <stdio.h>
void main()
{
  int x,y,z;
  for(x = 1;x <= 100;x++)
    for(y = 1;y <= 100;y++)
      for(z = 1;z <= 100;z++)
      {
        if(x * x + y * y == z * z)
          printf("%d, %d, %d\n",x,y,z);
      }
}
```

4.4 教材课后习题解答

【习题 4-1】分析下面程序的结果：

(1) 程序运行结果：

```
k = 12
```

(2) 程序运行结果：

```
*
#i = 6
```

(3) 程序运行结果：

```
0
```

(4) 程序运行结果：

```
k = 0
```

(5) 程序运行结果：

```
m = 1
```

【习题 4-3】 编程求 1!+3!+5!+7!+…+19!的值。

程序如下：

```
/*c4_3.c*/
#include <stdio.h>
void main( )
{
  float sum = 0.0;
  int i,j = 1;
  for(i = 1;i < 20;i++)
  {
    j* =i;
    if(i%2 == 0)
      continue;
    sum += j;
  }
  printf("sum = %e\n",sum);
}
```

【习题 4-5】 分别用 3 种循环控制语句编写程序，求下面和式的值。

$$s = \sum_{n=1}^{100} n!$$

程序如下：

方法 1：利用 for 循环实现。

```
/*c4_5a.c*/
#include <stdio.h>
void main()
{
  int s = 0,i;
  for(i = 1;i <= 100;i++)
  s += i;
  printf("s = %d\n",s);
}
```

方法 2：利用 while 循环实现。

```
/*c4_5b.c*/
#include <stdio.h>
void main()
```

```
{
  int s = 0, i = 1;
  while(i <= 100)
  {
    s += i;
    i++;
  }
  printf("s = %d\n", s);
}
```

方法 3：利用 do-while 循环实现。

```
/* c4_5c.c */
#include <stdio.h>
void main()
{
  int s = 0, i = 1;
  do
  {
    s += i;
    i++;
  }while(i <= 100);
  printf("s = %d\n", s);
}
```

【习题 4-7】从键盘输入的一组字符中统计出大写字母的个数 m 和小写字母的个数 n，并输出 m、n 中的较大者。

程序如下：

```
/* c4_7.c */
#include <stdio.h>
void main()
{
   int m = 0, n = 0;
   char c;
   while((c = getchar())!= '\n')
   {
    if(c>'A'&&c <= 'Z')m++;
if(c >= 'a'&&c <= 'z')n++;
   }
   printf("m = %d, n = %d, max = %d\n", m, n, m < n?n:m);
}
```

【习题 4-9】输出显示自然数 1～100 之间的全部素数。

程序如下：

```
/* c4_9.c */
#include <stdio.h>
#include <math.h>
void main()
{
```

```
    int n,i,j,l = 0;
    for(n = 2;n <= 100;n++)
    {
        i = sqrt(n);
        for(j = 2;j <= i;j++)
          if(!(n % j)) break;
        if(j >= i + 1)
          if(l < 5)
          {
            printf(" %d\t",n);
            l++;
          }
          else
          {
            printf(" %d\n",n);
            l = 0;
          }
    }
}
```

【习题 4-11】求算式 xyz＋yzz＝888 中的 x、y、z 的值(其中 xyz 和 yzz 分别表示一个三位数)。

程序如下：

```
/* c4_11.c */
#include <stdio.h>
void main()
{
    int x,y,z,i,result = 888;
    for(x = 1;x < 10;x++)
        for(y = 1;y < 10;y++)
            for(z = 0;z < 10;z++)
            {
                i = 100 * x + 10 * y + z + 100 * y + 10 * z + z;
                if(i == result)
                    printf("x = %d,y = %d,z = %d\n",x,y,z);
            }
}
```

【习题 4-13】猴子吃桃问题。猴子第一天摘下若干个桃子，当即吃了一半，还不过瘾，又多吃了一个。第二天早上又将剩下的桃子吃了一半，又多吃了一个。以后每天早上都吃了前一天剩下的一半多一个。直到第十天早上想再吃时，只剩下一个桃子了。求第一天一共摘了多少个桃子？

分析：前一天桃子数是后一天桃子数的 2 倍加 2 个。

程序如下：

```
/* c4_13.c */
#include <stdio.h>
void main( )
{
```

```
  int x,i;
  x = 1;
  for(i = 9;i >= 1;i-- )
     x = 2 * (x + 1);
  printf(" % d\n",x);
}
```

【习题 4-15】使用嵌套循环输出下列图形：

```
******
*    *
*    *
******
```

程序如下：

```
/* c4_15.c */
#include <stdio.h>
void main()
{
   int i,j;
   for(i = 0;i <= 3;i++)
   {
     for(j = 0;j <= 5;j++)
       if(i == 0||j == 0||i == 3||j == 5)
         printf(" * ");
       else
         printf(" ");
     printf("\n");
   }
}
```

【习题 4-17】编写一程序，根据用户输入的不同的边长，输出其菱形。例如，边长为 3 的菱形为：

```
  *
 ***
*****
 ***
  *
```

程序如下：

```
/* c4_17.c */
#include <stdio.h>
void main()
{
int a,i,j,k;
printf("please enter the number");
scanf(" % d",&a);
for(i = 0;i <= a - 1;i++)
{
```

```
    for(j = 0;j <= a - 2 - i;j++) printf(" ");
    for(k = 0;k <= 2 * i;k++)  printf(" * ");
    printf("\n");}
  for(i = 0;i <= a - 2;i++)
  {
    for(j = 0;j <= i;j++) printf(" ");
    for(k = 0;k <= 2 * a - 4 - 2 * i;k++) printf(" * ");
    printf("\n");
  }
  }
```

【习题 4-19】 假设 x,y 是整数,编程求 x^y 的最后 3 位数,要求 x、y 从键盘输入。

程序如下：

```
/ * c4_19.c * /
# include < stdio.h >
void main()
{
  int i,x,y;
  long last = 1;
  printf("Input x and y:");
  scanf(" % d, % d",&x,&y);
  for(i = 1;i <= y;i++)
    last = last * x % 1000;
  printf("The last 3 digits: % ld\n",last);
}
```

第5章 数组

5.1 知识要点

(1) 一维数组、二维数组和字符数组的定义、引用。

(2) 数组元素赋值和初始化的方法。

(3) 常用字符串处理函数及字符处理函数。

(4) 使用数组结构的程序设计方法。

(5) 与数组结构相关应用的各种算法。

二维数组的定义和使用是本章的难点。

5.2 重点与难点解析

【例题 5-1】 将 a 数组中的内容按颠倒的次序重新存放,操作时只能借助一个临时的存储单元不允许开辟另外的数组。

【解析】 假定有 N 个元素,当 i=1 时,j 应该指向第 N 个元素;当 i=2 时,j 应该指向第 N-1 个元素;所以 j 与 i 的关系为:j=N-i+1。需要交换的元素对数是数组元素个数的一半,因此 i 从 1 循环到 N/2。元素交换如下所示。

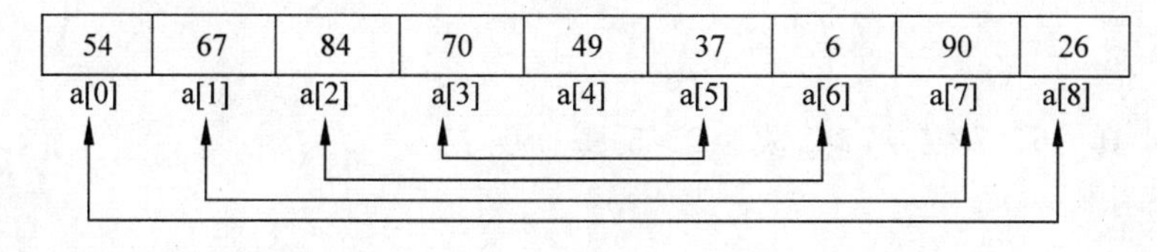

程序如下:

```
#include <stdio.h>
#define N 9
void main()
{ int a[N],i,j,t;
   printf("input array a:\n");
   for(i=0;i<N;i++) scanf("%d",&a[i]);
   for(i=0;i<N;i++) printf("%4d",a[i]);
```

```
    printf("\n");
    for(i = 0;i < N/2;i++)
    { j = N - i - 1;
      t = a[i];
      a[i] = a[j];
      a[j] = t;
    }
    for(i = 0;i < N;i++) printf(" % 4d",a[i]);
    printf("\n");
}
```

【例题 5-2】输入 N 个数用冒泡排序将其按升序排列，并输出。

【解析】反复从头起将 N 个数的相邻两个数进行比较，小的调换到前面。第 1 趟对 N 个数处理后最大的数已沉到最底下 a[19]；第 2 趟只需对前面的 N－1 个数进行处理，次大的数已沉到 a[18]；……；第 N－1 趟只需对前面的两个数进行处理，排序成功；用二重循环，外层 i 循环处理各趟，每趟用 j 循环具体处理，范围从 0 到 N－i。

例如：

第一遍比较的示意：

6	6	6	6	6	6
8	8	4	4	4	4
4	4	8	7	7	7
7	7	7	8	2	2
2	2	2	2	8	5
5	5	5	5	5	8
	6>8 假	8>4 真	8>7 真	8>2 真	8>5 真

第二遍比较的示意：

6	4	4	4	4
4	6	6	6	6
7	7	7	2	2
2	2	2	7	5
5	5	5	5	7
8	8	8	8	8
	6>4 真	6>7 假	7>2 真	7>5 真

程序如下：

```
#include < stdio.h >
#define N 10
void main()
{ int a[N],i,j,t;
    printf("input % d number:\n",N);
    for(i = 0;i < N;i++) scanf(" % d",&a[i]);
    for(i = 0;i < N;i++) printf(" % 4d",a[i]);
    printf("\n");
    for(i = 0;i < N - 1;i++)
```

```
        for(j = 0;j < N - i;j++)
          if(a[j]> a[j + 1])
          { t = a[j];a[j] = a[j + 1];a[j + 1] = t;}
    for(i = 0;i < N;i++) printf(" %4d",a[i]);
    printf("\n");
}
```

【例题 5-3】 在有序的数列中插入任意一个数 x,使插入后仍然有序。

【解析】 程序分两步进行。第一步寻找插入位置 k=0;while(x>a[k]) k++;,这个循环结束时,k 的值就是 x 要插入的位置;第二步将 a[n−1]到 a[k]逐个往后移动一个位置,最后将 x 放到 a[k]中。

程序如下:

```
#include < stdio.h >
#define N 10
void main()
{ int a[N + 1],i,j,t,x,k;
    printf("input %d number:\n",N);
    for(i = 0;i < N;i++) scanf(" %d",&a[i]);
    printf("input x = ");
    scanf(" %d",&x);
    for(i = 0;i < N - 1;i++)
        for(j = i + 1;j < N;j++)
          if(a[i]> a[j])
          { t = a[i]; a[i] = a[j]; a[j] = t; }
    k = 0;
    while(x > a[k]) k++;
    for(j = N - 1;j >= k;j -- ) a[j + 1] = a[j];
    a[k] = x;
    for(j = 0;j <= N;j++) printf(" %4d",a[j]);
    printf("\n");
}
```

5.3 测试题

5.3.1 单项选择题

1. 在 C 语言中,引用数组元素时,其数组下标的数据类型允许是(   )。

A. 整型常量　　B. 整型表达式

C. 整型常量或整型表达式　　D. 任何类型的表达式

2. 以下对一维整型数组 a 的正确说明是(   )。

A. int a(10);

B. int n=10,a[n];

C. int n;
scanf("%",&J1);
int a[n];

D. #define SIZE 10;
int a[SIZE];

3. 以下能对一维数组 a 进行正确初始化的语句是(   )。

A. int a[10]=(0,0,0,0,0)　　B. int a[10]={}
C. int a[]={0};　　D. int a[10]={10*1};

4. 若有说明：int a[][3]={1,2,3,4,5,6,7};，则数组 a 的第一维大小是(　　)。

A. 2　　B. 3　　C. 4　　D. 无确定值

5. 以下能对二维数组 a 进行正确初始化的语句是(　　)。

A. int a[2][]={{1,0,1},{5,2,3}};　　B. int a[][3]={{1,2,3},{4,5,6}};
C. int a[2][4]={{1,2,3},{4,5},{6}};　　D. int a[][3]={{1,0,1},{},{1,1}};

6. 下面是对 s 的初始化，其中不正确的是(　　)。

A. char s[5]={"abc"};　　B. char s[5]={'a','b','c'};
C. char s[5]=" ";　　D. char s[5]="abcdef";

7. 若有说明：int a[][4]={0,0};，则下面不正确的叙述是(　　)。

A. 数组 a 的每个元素都可得到初值 0
B. 二维数组 a 的第一维大小为 1
C. 因为二维数组 0 中第二维大小的值除以初值个数的商为 1，故数组 a 行数为 1
D. 只有元素 a[0][0]和 a[0][1]可得初值 0，其余元素均得不到初值 0

8. 下面程序段的输出结果是(　　)。

```
char c[] = "\t\v\\\0will\n";
printf(" %d",strlen(c));
```

A. 14　　B. 3　　C. 9　　D. 6

9. 检查下面程序有错的行是(每行程序前面的数字表示行号)(　　)。

```
1   #include <stdio.h>
2   void main( ){
3   float a[10] = {0.0};
4   int i;
5   for(i = 0;i < 3;i++) scanf(" %d",&a[1]);
6   for(i = 0;i < 10;i++) a[0] = a[0] + a[i];
7   printf(" %d\n",a[0]);
8   }
```

A. 没有错误　　B. 第 3 行有错误
C. 第 5 行有错误　　D. 第 7 行有错误

10. 下面程序有错的行是(　　)。

```
1   #include <stdio.h>
2     void main( ){
3     int a[3] = {1};
4     int i;
5     scanf(" %d",&a);
6     for(i = 1;i < 3;i++) a[0] = a[0] + a[i];
7     printf("a[0] = %d\n",a[0]);
8   }
```

A. 3　　B. 6　　C. 7　　D. 5

5.3.2 填空题

1. 下面程序可求出矩阵 a 的主对角线上的元素之和,请填空使程序完整。

```
# include "stdio.h"
void main( )
{  int a[3][3] = {1,3,5,7,9,11,13,15,17},sum = 0,i,j;
    for(i = 0;i < 3;i++)
    for(j = 0;j < 3;j++)
      if(①) sum = sum + ②;
    printf("sum = % d",sum);
}
```

2. 下面程序将十进制整数 base 转换成 n 进制,请填空使程序完整。

```
# include "stdio.h"
void main( )
{   int i = 0,base,n,j,num[20];
    scanf(" % d",&n);
    scanf(" % d",base);
    do
    {
        i++;
        num[i] = ①;
        n = ②;
    }while(n!= 0);
    for(③)
        printf(" % d",num[j]);
}
```

3. 下面程序的功能是输入 10 个数,找出最大值和最小值所在的位置,并把两者对调,然后输出调整后的 10 个数。请填空使程序完整。

```
# include "stdio.h"
void main( )
{ int a[10],max,min,i,j,k;
  for(i = 0;i < 10;i++)
    scanf(" % d",&a[i]);
  max = min = a[0];
  for(i = 0;i < 10;i++)
  {
    if(a[i]< min) {min = a[i];①;}
    if(a[i]> max) {max = a[i];②;}
  }
   ③;
  for(i = 0;i < 10;i++)
    printf(" % d",a[i]);
}
```

4. 下面程序的功能是在一个字符串中查找一个指定的字符,若字符串中包含该字符则输出该字符在字符串中第一次出现的位置(下标值),否则输出−1。请填空使程序完整。

```
# include < string.h >
# include "stdio.h"
void main( )
{ char c = 'a';                    /* 需要查找的字符 */
   char t[50];
   int i,j,k;
   gets(t);
   i = ①;
   for(k = 0;k < i;k++)
      if(②)
         { j = k;break;}
      else j = - 1;
   printf(" % d",j);
}
```

5. 以下程序是将字符串 b 的内容连接到字符数组 a 的内容后面，形成新字符串 a。请填空使程序完整。

```
# include "stdio.h"
void main( )
{   char a[40] = "Great",b[ ] = "Wall";
   int i = 0,j = 0;
   while(a[i]!= '\0') i++;
   while(①)
   {
       a[i] = b[j];i++;j++;
   }
   ②;
   printf(" % s\n",a);
}
```

5.3.3 编程题

1. 随机产生 20 个[10,50]的正整数存放到数组中，并求数组中的所有元素最大值、最小值、平均值及各元素之和。

2. 任意输入一个字符串，查其中含有几个要求的子串。

3. 输出一个三角形的图形。

5.3.4 测试题参考答案

【5.3.1 单项选择题参考答案】

1. C　2. D　3. C　4. B　5. B　6. D　7. D　8. B　9. C　10. D

【5.3.2 填空题参考答案】

1. ① i=j　② a[i][i]

2. ① n%base　② n/base　③ j=0;j<i;j++

3. ① j=i　② k=i　③ a[k]=min,a[j]=max;

4. ① strlen(t)　② c == t[k]

5. ① b[j]!='\0' ② a[i]='\0'

【5.3.3 编程题参考答案】

1. 程序如下：

```
#include<windows.h>
#include<stdlib.h>
#include<conio.h>
void main( )
{
   int a[21],i,ran,max,min,sum,average;
   system("cls");
   for(i=1;i<=20;i++)
   {
      while((ran=random(51))/10==0)          //ensure ran between 20 and 50 ;
        a[i]=ran;
   }
   max=min=a[1];                              // initialize here
   sum=0;
   for(i=1;i<=20;i++)
   {
     printf("a[%d]=%d\n",i,a[i]);
     sum+=a[i];
     if(max<a[i])
       max=a[i];
     else if(min>a[i])
       min=a[i];
   }
   average=sum/20;
   printf("\nsum=%d,max=%d,min=%d,average=%d\n",sum,max,min,average);
   puts("\nany key to exit!");
   getche();
}
```

2. 程序如下：

解1：

```
#include "stdio.h"
void main( )
{ char s[80],a[20];
    int i,j,h,sum=0;
    printf("输入字符串:");
    gets(s);
    printf("输入子串:");
    gets(a);
    for(i=0;s[i]!='\0';i++)
    {
        for(j=i,h=0;a[h]!='\0'&&s[j]==a[h];j++,h++);
          if(a[h]=='\0')
          {  sum++;
             i=j-1;
          }
```

```
    }
    printf("sum = %d\n",sum);
}
```

解 2：

```
#include <stdio.h>
#include <string.h>
void main( )
{ char s[80],a[20];
   int i,j,m,n,sum = 0;
   printf("输入字符串:"); gets(s);
   printf("输入子串:"); gets(a);
   n = strlen(s);
   m = strlen(a);
   for(i = 0;i < n - m;i++)
   {   for(j = 0;j < m;j++)
          if(s[i + j]!= a[j]) break;
      if(j == m) sum++,i = i + j;
   }
printf("有 %d 个子串.\n",sum);
}
```

3. 程序如下：

```
#include <stdio.h>
void main()
{
     char s[5][5] = {{'*'},{'*','*'},{'*','*','*'},{'*','*','*','*'},
     {'*','*','*','*','*'}};
     int i,j;
     for(i = 0;i < 5;i++)
     { for(j = 0;j < 5;j++) printf("%c",s[i][j]);
       printf("\n");
     }}
```

输出结果：

```
*
**
***
****
*****
```

5.4 教材课后习题解答

【习题 5-1】 现有一实型一维数组 A[12]，其各元素值在内存中排列的顺序为：1.0，15.5，9.5，−23，8.4，66.5，7.1，22.0，54.5，−34，11.3，32.5，请按下列要求编写程序求答案。

(1) 数组中元素值最小的数组元素。

(2) 数组中元素值最大的数组元素。

(3) 数组中某数组元素值等于另外两个数组元素值之和的等式。

(4) 数组中某数组元素值等于另外两个数组元素值之差的等式。

程序如下：

```
/*c5_1.c*/
#include <stdio.h>
void main()
{
   double a[12] = {1.0,15.5,9.5,-23,8.4,66.5,7.1,22.0,54.5,-34,11.3,32.5};
   int i,j,k;
   double max,min;
   min = a[0];
   for(i = 0;i < 12;i++)
     if(min > a[i]) min = a[i];
   printf("min = %lf\n",min);
   max = a[0];
   for(i = 0;i < 12;i++)
     if(max < a[i]) max = a[i];
   printf("max = %lf\n",max);
   for(i = 0;i < 12;i++)
   for(j = 0;j < 12;j++)
   for(k = 0;k < 12;k++)
   {
     if(i == j||j == k||k == i) continue;
     if(a[i] + a[j] == a[k])
       printf(" %lf + %lf = %lf\n",a[i],a[j],a[k]);
   }
   for(i = 0;i < 12;i++)
   for(j = 0;j < 12;j++)
   for(k = 0;k < 12;k++)
   {
     if(i == j||j == k||k == i) continue;
     if(a[i] - a[j] == a[k])
       printf(" %lf - %lf = %lf\n",a[i],a[j],a[k]);
   }
}
```

【习题 5-3】完成下列各数组的数组说明语句。

(1) 定义一个有 100 个数组元素的整型一维数组 r。

(2) 定义一个有 100 行 100 列的实型二维数组 s。

(3) 定义一个整型三维数组 t,第一维长度为 3,第二维长度为 4,第三维长度为 5。

(4) 定义一个实型四维数组 q,第一维长度为 6,第二维长度为 5,第三维长度为 4,第四维长度为 3。

程序如下：

```
/*c5_3.c*/
int r[100];
float s[100][100];
```

```
int t[3][4][5];
float q[6][5][4][3];
```

【习题 5-5】 按下列要求完成对各数组的初始化数组语句。

(1) 实型一维数组 A[12],其各元素值在内存中排列的顺序为：

1.0，15.5，9.5，－23.0，8.4，66.5，7.1，22.0，54.5，－34.0，11.3，32.0

(2) 整型二维数组 A[3][3],其各元素值在内存中排列的顺序为：

1，2，3，4，5，6，7，8，9

(3) 实型三维数组 A[2][3][2],其各元素值在内存中排列的顺序为：

1.0，15.5，9.5，－23，8.4，66.5，7.1，22.0，54.5，－34，11.3，32.0

程序如下：

```
/*c5_5.c*/
float a[12] = {1.0,15.5,9.5, - 23.0,8.4,66.5,7.1,22.0,54.5, - 34.0,11.3,32.0};
int a[3][3] = {1,2,3,4,5,6,7,8,9};
float a[2][3][2] = {1.0,15.5,9.5, - 23,8.4,66.5,7.1,22.0,54.5, - 34,11.3,32.0};
```

【习题 5-7】 有一整型二维数组 a[10][10]，按下列要求写出下列各题 C 语言程序段。

(1) 按行输出所有的数组元素。

(2) 按列输出所有的数组元素。

(3) 输出主对角线上的所有元素。

(4) 输出副对角线上的所有元素。

(5) 输出上三角阵(包含主对角线元素)的所有元素。

(6) 输出上三角阵(包含副对角线元素)的所有元素。

(7) 输出下三角阵(包含主对角线元素)的所有元素。

(8) 输出下三角阵(包含副对角线元素)的所有元素。

程序如下：

```
/*c5_7.c*/
#include <stdio.h>
void main()
{
  int a[10][10];
  int i,j,k;
  for(i = 0;i < 10;i++)
  for(j = 0;j < 10;j++)
     a[i][j] = i*10 + j;
  printf(" == 1 == \n");
  for(i = 0;i < 10;i++)
  {
    for(j = 0;j < 10;j++)
      printf(" %3d",a[i][j]);
    printf("\n");
  }
  printf("\n");
  printf(" == 2 == \n");
  fori = 0;i < 10;i++)
```

```
{
  for(j = 0;j < 10;j++)
    printf(" % 3d",a[j][i]);
  printf("\n");
}
printf("\n");
printf(" == 3 == \n");
for(i = 0;i < 10;i++)
{
  for(j = 0;j < 10;j++)
    if(i == j)
      printf(" % 3d",a[i][j]);
    else
      printf("   ");
  printf("\n");
}
printf("\n");
printf(" == 4 == \n");
for(i = 0;i < 10;i++)
{
  for(j = 0;j < 10;j++)
    if(i + j == 10 - 1)
      printf(" % 3d",a[i][j]);
    else
      printf("   ");
  printf("\n");
}
printf("\n");
printf(" == 5 == \n");
for(i = 0;i < 10;i++)
{
  for(j = 0;j < 10;j++)
    if(i <= j)
      printf(" % 3d",a[i][j]);
    else
      printf("   ");
  printf("\n");
}
printf("\n");
printf(" == 6 == \n");
for(i = 0;i < 10;i++)
{
  for(j = 0;j < 10;j++)
    if(j < 10 - i)
      printf(" % 3d",a[i][j]);
    else
      printf("   ");
  printf("\n");
}
printf("\n");
printf(" == 7 == \n");
```

```
  for(i = 0;i < 10;i++)
  {
    for(j = 0;j < 10;j++)
      if(i >= j)
        printf(" %3d",a[i][j]);
      else
        printf("   ");
    printf("\n");
  }
  printf("\n");
  printf(" == 8 == \n");
  for(i = 0;i < 10;i++)
  {
    for(j = 0;j < 10;j++)
      if(j >= 9 - i)
        printf(" %3d",a[i][j]);
      else
        printf("   ");
    printf("\n");
  }
  printf("\n");
}
```

【习题 5-9】编写一个程序，完成 5-1 题的要求。

程序如下：

```
/*c5_9.c*/
#include <stdio.h>
void main()
{
   double a[12] = {1.0,15.5,9.5, - 23,8.4,66.5,7.1,22.0,54.5, - 34,11.3,32.5};
   int i,j,k;
   double max,min;
   min = a[0];
   for(i = 0;i < 12;i++)
     if(min > a[i]) min = a[i];
   printf("min = %lf\n",min);
   max = a[0];
   for(i = 0;i < 12;i++)
     if(max < a[i]) max = a[i];
   printf("max = %lf\n",max);
   for(i = 0;i < 12;i++)
   for(j = 0;j < 12;j++)
   for(k = 0;k < 12;k++)
   {
     if(i == j||j == k||k == i) continue;
     if(a[i] + a[j] == a[k])
       printf(" %lf + %lf = %lf \n",a[i],a[j],a[k]);
   }
   for(i = 0;i < 12;i++)
   for(j = 0;j < 12;j++)
```

```
    for(k = 0;k < 12;k++)
    {
       if(i == j||j == k||k == i) continue;
       if(a[i] - a[j] == a[k])
         printf(" %lf - %lf = %lf \n",a[i],a[j],a[k]);
    }

}
```

【习题 5-11】 对给定的整型一维数组 a[100]赋值，要求给奇数下标值的元素赋负值，偶数下标值的元素赋正值。

程序如下：

```
/* c5_11.c */
#include <stdio.h>
void main()
{
   int a[100];
   int i,j,k;
   for(i = 0;i < 100;i++)
     if(i % 2 == 1)
       a[i] = - 1;
     else
       a[i] = 1;
}
```

【习题 5-13】 对稀疏数组 a[20]（所谓稀疏数组，即有若干数组元素值为 0 的数组），编写一个程序，将所有非零元素值按紧密排列形式转移到数组的前端（要求：程序中不再开辟其他的单元作为数组元素值的缓存单元）。

程序如下：

```
/* c5_13.c */
#include <stdio.h>
void main()
{
    int a[20] = {0,0,1,0,2,0,0,0,3,4,0,0,0,0,0,5,0,0,6,0};
    int i,j,k;
    for(i = 0;i < 20;i++)
      printf(" %3d",a[i]);
    printf("\n");
    for(i = 1;i < 20;i++)
    {
      if(a[i] == 0) continue;
      for(k = i - 1;k >= 0;k - - )
        if(a[k]!= 0) break;
      if(k == i - 1) continue;
      a[k + 1] = a[i];
      a[i] = 0;
    }
    for(i = 0;i < 20;i++)
```

```
      printf(" %3d",a[i]);
    printf("\n");
}
```

【习题 5-15】 试编写一个程序，把下面的矩阵 a 转置成矩阵 b 的形式（用两种算法完成）。

$$a=\begin{bmatrix}1&2&5\\3&4&8\\6&7&9\end{bmatrix}\quad b=\begin{bmatrix}9&7&6\\8&4&3\\5&2&1\end{bmatrix}$$

程序如下：

```
/*c5_15.c*/
#include<stdio.h>
void main()
{
    int a[3][3]={1,2,5,3,4,8,6,7,9};
    int i,j,k;
    for(i=0;i<3;i++)
    {
      for(j=0;j<3;j++)
        printf(" %3d",a[i][j]);
      printf("\n");
    }
    printf("\n");
      /*   method 1
    for(i=0;i<3;i++)
    {
      k=a[0][i];
      a[0][i]=a[2][i];
      a[2][i]=k;
    }
    for(i=0;i<3;i++)
    {
      k=a[i][0];
      a[i][0]=a[i][2];
      a[i][2]=k;
    }  */
      /*  method 2 */
    for(i=0;i<3;i++)
    {
      k=a[0][i];
      a[0][i]=a[2][2-i];
      a[2][2-i]=k;
    }
    k=a[1][0];
    a[1][0]=a[1][2];
    a[1][2]=k;
    for(i=0;i<3;i++)
    {
      for(j=0;j<3;j++)
```

```
        printf("%3d",a[i][j]);
      printf("\n");
    }
  printf("\n");
}
```

【习题 5-17】按如下图案打印杨辉三角形的前10行。杨辉三角形是由二项式定理系数表组成的图形,其特点是两个腰上的数都为1,其他位置上的每一个数是它上一行相邻的两个整数之和。

```
          1
        1   1
      1   2   1
    1   3   3   1
  1   4   6   4   1
1   5  10  10   5   1
        ……
```

程序如下:

```
/*c5_17.c*/
#include <stdio.h>
void main()
{
   int a[10][10] = {0};
   int i,j,k;
   for(i = 0;i < 10;i++)
      a[i][0] = 1;
   for(i = 1;i < 10;i++)
   for(j = 1;j <= i;j++)
      a[i][j] = a[i-1][j-1] + a[i-1][j];
   for(i = 0;i < 10;i++)
   {
      for(j = 0;j < 10 - i;j++)
        printf("  ");
      for(j = 0;j <= i;j++)
        printf("%6d",a[i][j]);
      printf("\n");
   }
}
```

【习题 5-19】编写一个程序,求一个二维矩阵的转置矩阵,即将原矩阵行列互换的结果。

程序如下:

```
/*c5_19.c*/
#include <stdio.h>
#define N 7
void main()
{
   int a[N][N];
```

```
int i,j,k;
for(i = 0;i < N;i++)
for(j = 0;j < N;j++)
  a[i][j] = i * N + j;
for(i = 0;i < N;i++)
{
  for(j = 0;j < N;j++)
    printf(" % 3d",a[i][j]);
  printf("\n");
}
printf("\n");
for(i = 0;i < N;i++)
for(j = i + 1;j < N;j++)
{
  k = a[i][j];
  a[i][j] = a[j][i];
  a[j][i] = k;
}
for(i = 0;i < N;i++)
{
  for(j = 0;j < N;j++)
    printf(" % 3d",a[i][j]);
  printf("\n");
}
printf("\n");

}
```

【习题 5-21】 输入一串字符，分别统计其中数字 0，1，2，…，9 和各字母出现的次数，并按出现的多少输出(先输出出现次数多的字母，次数相同的按字母表顺序输出，不出现的字母不输出)。

程序如下：

```
/ * c5_21.c * /
# include < stdio.h>
void main()
{
   int a[256];
   int b[256] = {0};
   int i,j;k,max;
   char s[] = "askjdhsdjfg123sdfjkzxc";
   for(i = 0;i < 256;i++)
     a[i] = i;
   for(i = 0;s[i]!= 0;i++)
     b[s[i]]++;
   for(i = 0;i < 256 - 1;i++)
   {
     max = i;
     for(j = i + 1;j < 256;j++)
       if(b[max]< b[j]) max = j;
```

```
        if(max == i) continue;
        k = a[i];a[i] = a[max];a[max] = k;
        k = b[i];b[i] = b[max];b[max] = k;
    }
    for(i = 0;i < 256&&b[i]!= 0;i++)
        printf("char %c: %dtimes\n",a[i],b[i]);
}
```

【习题 5-23】 有一篇文章共有 3 行文字，每行有 80 个字符。要求统计出其中英文大写字母、小写字母、数字、空格以及其他字符的个数。

程序如下：

```
/*c5_23.c*/
#include <stdio.h>
void main()
{
    int i;
    char s[] = "AMsNJasH00askj  dh  sdjfg~!123#@@sdfjkzxc";
    char *t[5] = {"Blank","Digit","Upper","Lower","Other"};
    int count[5] = {0};
    char ch;
    for(i = 0;s[i]!= 0;i++)
    {
        ch = s[i];
        if(ch == ' ')
          count[0]++;
        else if(ch >= '0'&&ch <= '9')
          count[1]++;
        else if(ch >= 'A'&&ch <= 'Z')
          count[2]++;
        else if(ch >= 'a'&&ch <= 'z')
          count[3]++;
        else
          count[4]++;
    }
    for(i = 0;i < 5;i++)
        printf("%s: %dtimes\n",t[i],count[i]);
}
```

【习题 5-25】 编写一个程序，将两个字符串 s1 和 s2 比较。若 s1 > s2，输出正数 1；若 s1 等于 s2，输出 0；若 s1 < s2，输出负数－1(要求：不能使用 strcmp 函数)。

程序如下：

```
/*c5_25.c*/
#include <stdio.h>
void main()
{
    int i,t;
    char s1[] = "asd0123";
    char s2[] = "asd123";
```

```
    for(i = 0; ;i++)
    {
      t = s1[i] - s2[i];
      if (t!= 0||(s1[i] == 0)) break;

    }
   printf("code = %d\n",t);

}
```

第6章 函数和模块设计

6.1 知识要点

(1) 结构化程序设计的基本概念。

(2) 定义函数的方法。

(3) 函数实参与形参的对应关系,以及“值传递”和“地址传递”的方式。

(4) 函数的嵌套调用和递归调用的方法。

(5) 全局变量、局部变量、动态变量、静态变量的概念和使用方法。

(6) 变量的作用域和存储类型。

(7) 内部函数和外部函数,多文件程序的编译和运行。

(8) 模块化程序设计。

6.2 重点与难点解析

【例题 6-1】 自定义函数求 3×3 矩阵的转置矩阵。

【解析】 解题的关键在于进行行列下标转换的算法,由矩阵的对称性不难看出在进行行列互换时,a[i][j]正好是与 a[j][i]互换,因而只要让程序走完矩阵的左上角即可。用 for(i=0;i<2;i++)再套 for(j=i+1;j<3;j++)来完成左上角的走动。

参考源程序:

```
#include <stdio.h>
int fun(int array[3][3])
{ int i,j,t;
   for(i = 0;i < 2;i++)
   for(j = i + 1;j < 3;j++)
   {   t = array[i][j];array[i][j] = array[j][i];array[j][i] = t;   }
 }
void main()
{ int i,j;
  int array[3][3] = {{100,200,300},{400,500,600},{700,800,900}};
  clrscr();
```

```
    for(i = 0;i < 3;i++)
    {   for(j = 0;j < 3;j++)
            printf(" % 7d",array[i][j]);
        printf("\n");
    }
    fun(array);
    printf("转置矩阵是:\n");
    for(i = 0;i < 3;i++)
    {   for(j = 0;j < 3;j++)
            printf(" % 7d",array[i][j]);
        printf("\n");
    }
}
```

【例题 6-2】一个班学生的成绩已存入一个一维数组中，调用函数求平均成绩。

程序如下：

```
#define N 10
float average(float x[N])
{ float sum = 0,aver;
  int k;
  for(k = 0;k < N;k++) sum += x[k];
  aver = sum/N;
  return aver;
}
void main()
{ float cj[N],aver;
  int k;
  printf("input % d scores:\n",N);
  for(k = 0;k < N;k++) scanf(" % f",&cj[k]);
  aver = average(cj);
  printf("average score is: % 6.2f\n",aver);
}
```

【例题 6-3】在主函数中输入某年一个整数，调用函数判断是否为闰年。

程序如下：

```
void main()
{   int y,yes,leap(int y);
    printf("input year:");
    scanf(" % d",&y);
    yes = leap(y);
    if(yes) printf(" % d is a leap year.",y);
    else printf(" % d is not a leap year.",y);
}
int leap(int y)
{ if(y % 4 == 0&&y % 100!= 0||y % 400 == 0) return 1;
  else return 0;
}
```

【例题 6-4】利用递归方法求 n!。

【解析】

计算 n!的递归公式表示如下：$n!=\begin{cases}1 & (n=0,1)\\ n\cdot(n-1) & (n>1)\end{cases}$

例如 n=5,那么 5!=4!×5,而 4!=3!×4…1!=1。递归的结束条件是 n=0。

程序源代码：

```
    float fac(int n)
    {
      float f;
      if(n<0)
      {  printf("n<0,dataerror!")
         f = -1;
      }
      else
         if(n == 0 || n = ID = 1)
           f = 1;
         else
           f = fac(n-1) * n;
  return(f);
}
  void main()
  {
      int n;
      float y;
      printf("input a integer number:");
      scanf("%d",&n);
      y = fac(n);
    printf("%d!= %15.0f",n,y);
  }
```

6.3 测试题

6.3.1 单项选择题

1. 以下正确的函数定义是(　　)。

A. double func(int x,int y)
{ z=x+y; return z; }

B. double func(int x,y)
{ int z; return z;}

C. func(x,y)
{ int x,y; double z;
z=x+y; return z; }

D. double func(int x,int y)
{ double z=0;
return z; }

2. 若调用一个函数,且此函数中没有 return 语句,则正确的说法是(　　)。

A. 该函数没有返回值

B. 该函数返回若干个系统默认值

C. 能返回一个用户所希望的函数值

D. 返回一个不确定的值

3. 以下不正确的说法是(　　)。

A. 实参可以是常量、变量或表达式

B. 形参可以是常量、变量或表达式

C. 实参可以为任意类型

D. 形参和实参类型不一致时以形参类型为准

4. C语言规定，简单变量做实参时，它和对应的形参之间的数据传递方式是(　　)。

A. 地址传递　　　　B. 值传递

C. 由实参传给形参，再由形参传给实参　　　　D. 由用户指定传递方式

5. C语言规定，函数返回值的类型是(　　)。

A. return语句中的表达式类型　　　　B. 调用该函数时的主调函数类型

C. 调用该函数时由系统临时指定　　　　D. 在定义函数时所指定的函数类型

6. 若用数组名作为函数调用的实参，传递给形参的是(　　)。

A. 数组的首地址　　　　B. 数组中第一个元素的值

C. 数组中全部元素的值　　　　D. 数组元素的个数

7. 如果在一个函数中的复合语句中定义了一个变量，则该变量(　　)。

A. 只在该复合语句中有定义　　　　B. 在该函数中有定义

C. 在本程序范围内有定义　　　　D. 为非法变量

8. 关于函数声明，以下不正确的说法是(　　)。

A. 如果函数定义出现在函数调用之前，可以不必加函数原型声明

B. 若在所有函数定义之前，在函数外部已做了声明，则各个主调函数不必再做函数原型声明

C. 函数在调用之前，一定要声明函数原型，保证编译系统进行全面调用检查

D. 标准库不需要函数原型声明

9. 下面程序的输出是(　　)。

```
int i = 2;L
printf(" %d%d%d",i* = 2,++i,i++);
```

A. 8 4 2　　　　B. 8 4 3　　　　C. 4 4 5　　　　D. 6 3 2

10. 以下不正确的说法是(　　)。

A. 全局变量、静态变量的初值是在编译时指定的

B. 静态变量如果没有指定初值，则其初值为0

C. 局部变量如果没有指定初值，则其初值不确定

D. 函数中的静态变量在函数每次调用时，都会重新设置初值

6.3.2 填空题

1. 下面函数用“折半查找法”从有10个数的a数组中对关键字m进行查找，若找到，返回其下标值，否则返回−1。请填空使程序完整。

经典算法提示：折半查找法的思路是先确定待查元素的范围，将其分成两半，然后比较位于中间点元素的值。如果该待查元素的值大于中间点元素的值，则将范围重新定义为大

于中间点元素的范围，反之亦反。

```
int search(int a[10],int m)
{ int x1 = 0,x2 = 0,mid;
   while(x1 <= x2)
   {
       mid = (x1 + x2)/2;
       if(m < a[mid])
           ①;
       else if(m > a[mid])
           ②;
       else
         return (mid);
   }
   return (-1);
}
```

2. del 函数的作用是删除有序数组 a 中的指定元素 x，n 为数组 a 的元素个数，函数返回删除后的数组 a 的元素个数。请填空使程序完整。

```
int del(int a[10],int n,int x)
{ int p = 0,i ;
  while(x >= a[p]&&p < n) ①;
  for(i = p - 1;i < n;i++) ②;
  return (n - 1);
}
```

3. 下面函数 fun 的功能是：依次取出字符串中所有数字字符，形成新的字符串，并取代原字符串。

```
void fun(char s[ ])
{  int i,j;
   for(i = 0,j = 0;s[i]!= '\0';i++)
      if(①)
      {
        s[j] = s[i];
        ②;
      }
  s[j] = '\0';
}
```

4. avg 函数的作用是计算数组 array 的平均值返回，请填空使程序完整。

```
float avg(float array[10])
{ int i;
  float avgr,sum = 0;
  for(i = 0;①;i++)
     sum + = ②;
  avgr = sum/10;
     ③
}
```

5. 下面函数 func 的功能是：将长整型数中偶数位置上的数依次取出，构成一个新数返回，例如，当 s 中的数为 87653142 时，则返回的数为 8642。判断下面程序的正误，如果错误请改正过来，并填空使程序完整。

```
long func(long s)
{  long t,sl = 1;
    int d;
    t = 0;
    while(s > 0)
    {
        d = s % 10;
        if(①)
        {
          t = ② + t;
         sl * = 10;
        }
        ③
    }
  return (t);
}
```

6.3.3 编程题

1. 某班有 5 个学生，3 门课。分别编写 3 个函数实现以下要求。

(1) 求各门课的平均分。

(2) 找出有两门以上不及格的学生，并输出其学号和不及格课程的成绩。

(3) 找出 3 门课平均成绩在 85～90 分的学生，并输出其学号和姓名。

主程序输入 5 个学生的成绩，然后调用上述函数输出结果。

2. 写一函数将一字符串和一整数(先转化为字符串)连接为一字符串。

3. 编写函数 func，其功能是：统计字符串 s 中各元音字母(即 A,E,I,O,U)的个数，注意：字母不分大、小写。

6.3.4 测试题参考答案

【6.3.1 单项选择题参考答案】

1. D　2. D　3. B　4. B　5. D　6. A　7. A　8. C　9. D　10. D

【6.3.2 填空题参考答案】

1. ① x1=mid－1　　② x2=mid＋1

2. ① p++　　② a[i]=a[i－1]

3. ① s[i]>= '0'&&s[i]<= '9'　　② j++

4. ① i<sizeof(array)　　② array[i]　　③ return (avgr)

5. 无错误。① d%2=0　　② d * sl　　③ s\=10;

【6.3.3 编程题参考答案】

1. 程序如下：

```
#define SNUM 5                    /* student number */
```

```
#define CNUM 3                          /* course number */
#include <stdio.h>
#include <conio.h>
                /* disp student info */
void dispscore(char num[][6],char name[][20],float score[][CNUM])
{
  int i,j;
  printf("\n\nStudent Info and Score:\n");
  for(i = 0;i < SNUM;i++)
  {
      printf(" %s",num[i]);
      printf(" %s",name[i]);
      for(j = 0;j < CNUM;j++)
         printf(" %8.2f",score[i][j]);
      printf("\n\n");
  }
}
              /* calculate all student average score */
void calaver(float score[][CNUM])
{
   float sum,aver;
   int i,j;
   for(i = 0;i < CNUM;i++)
   {
       sum = 0;
       for(j = 0;j < SNUM;j++)
          sum = sum + score[j][i];
       aver = sum/SNUM;
       printf("Average score of course %d is %8.2f\n",i + 1,aver);
   }
}
              /* Find student: two courses no pass */
void findnopass(char num[][6],float score[][CNUM])
{
   int i,j,n;
   printf("\nTwo Course No Pass Students:\n");
   for(i = 0;i < SNUM;i++)
   {
       n = 0;
       for(j = 0;j < CNUM;j++)
          if(score[i][j]< 60) n++;
       if(n >= 2)
       {
          printf(" %s",num[i]);
          for(j = 0;j < CNUM;j++)
            if(score[i][j]< 60)
          printf(" %8.2f",score[i][j]);
          printf("\n");
       }
   }
}
```

```
        /* Find student: three courses 85 - 90 */
void findgoodstud(char num[][6],char name[][20],float score[][CNUM])
{
    int i,j,n;
    printf("\nScore of three courses between 85 and 90:\n");
    for(i=0;i<SNUM;i++)
    {
        n=0;
        for(j=0;j<CNUM;j++)
          if(score[i][j]>=85&&score[i][j]<=90) n++;
        if(n==3) printf("%s %s\n",num[i],name[i]);
    }
}
        /* input student info */
void main()
{
    char num[SNUM][6],name[SNUM][20];  //array num refers to student number
    float score[SNUM][CNUM];           //and its length is 6
    int i,j;
    clrscr();
    printf("\nPlease input student num and score:\n");
    for(i=0;i<SNUM;i++)
    {
        printf("\n\nStudent %d number:",i+1);
        scanf("%s",num[i]);
        printf("\nStudent %d name:",i+1);
        scanf("%s",name[i]);
        printf("\nStudent %d three scores:",i+1);
        for(j=0;j<CNUM;j++)
          scanf("%f",&score[i][j]);
    }
    dispscore(num,name,score);
    calaver(score);
    findnopass(num,score);
    findgoodstud(num,name,score);
    getch();
}
```

2. 程序如下：

解 1：

```
#include <stdio.h>
#include <string.h>
void main( )
{ ver(int,char d[ ]);
  int n; char a[80],b[10];
  printf("输入一字符串:");
  scanf("%s",a);
  printf("输入一整数:");
  scanf("%d",&n);
  ver(n,b);
```

```
    printf(" % s\n",strcat(a,b));
}
ver(int n,char d[ ])
{   static int i = 0;
    if(n < 0) { d[i++] = '-';n = -n; }
    if(n > 10) ver(n/10,d);
    d[i++] = n % 10 + '0';
    d[i] = '\0';
}
```

解 2:

```
# include < stdio.h >
# include < string.h >
void main( )
{   int n,i = 0,j,k;
    char a[80],d[10],c;
    printf("输入一字符串:");
    scanf(" % s",a);
    printf("输入一整数:");
    scanf(" % d",&n);
    if(n < 0) { c = '-';n = -n; }
    for(;n;n/ = 10) { d[i] = n % 10 + '0';i++; }
    if(c == '-') d[i++] = c;
    d[i] = '\0';
    for(j = 0,k = i - 1;j < k;j++,k-- )
       c = d[k],d[k] = d[j],d[j] = c;
    printf(" % s\n",strcat(a,d));
}
```

解 3:

```
# include < stdio.h >
# include < string.h >
void main( )
{   int n,i = 0,j,k;
    char a[80],d[10],c;
    printf("输入一字符串:");
    scanf(" % s",a);
    printf("输入一整数:");
    scanf(" % d",&n);
    if(n < 0) { d[i++] = '-';n = -n; }
    for(j = 1,k = 0;n >= j;j * = 10,k++);
    d[k + i] = '\0';
    for(j = k + i - 1;n;n/ = 10)
       { d[j] = n % 10 + '0';j-- ; }
    printf(" % s\n",strcat(a,d));
}
```

3. 程序如下:

```
Func(char s[ ],int num[5])
```

```
{ int k,i = 5;
    for(k = 0;k < i;k++)
        num[i] = 0;
    for(k = 0;s[k];k++)
    {
        i = -1;
        switch(s[k])
        {
            case 'a': case 'A': i = 0;
            case 'e': case 'E': i = 1;
            case 'i': case 'I': i = 2;
            case 'o': case 'O': i = 3;
            case 'u': case 'U': i = 4;
        }
        if(i >= 0) num[i]++;
    }
}
```

6.4 教材课后习题解答

【习题 6-1】 更正下面函数中的错误。

(1) 返回求 x 和 y 平方和的函数。

```
sum_of_sq(x,y)
{
    double x,y;
    return(x * x + y * y);
}
```

(2) 返回求 x 和 y 为直角边的斜边的函数。

```
hypot(double x,double y)
{
    h = sqrt(x * x + y * y);
    return(h);
}
```

程序如下：

```
/ * c6_1(1).c * /
(1)
double sum_of_sq(double x,double y)
{
    return(x * x + y * y);
}
```

```
/ * c6_1(2).c * /
(2)
double hypot(double x,double y)
{
    double h;
    h = sqrt(x * x + y * y);
    return(h);
}
```

【习题 6-3】 编写已知三角形三边求面积的函数，对于给定的 3 个量（正值），按两边之和大于第三边的规定，判别其能否构成三角形，若能构成三角形，输出对应的三角形面积。要求主函数输入 10 组三角形三边，输出其构成三角形的情况。

程序如下：

```
/ * c6_3.c * /
# include < stdio.h >
# include < math.h >
double s(double a,double b,double c)
{
```

```
    double s,ss;
    if(a+b<c||a+c<b||b+c<a)
    {
       printf("Error Data");
       return -1;
    }
    s=(a+b+c)/2;
    ss=sqrt(s*(s-a)*(s-b)*(s-c));
    printf("S=%lf",ss);
    return ss;
}
void main()
{
    int i;
    double a,b,c;
    for(i=0;i<10;i++)
    {
       scanf("%lf%lf%lf",&a,&b,&c);
       s(a,b,c);
    }
}
```

【习题 6-5】 编写一判别素数的函数,在主函数中输入一个整数,输出该数是否为素数的信息。

程序如下:

```
/*c6_5.c*/
#include<stdio.h>
int test(int t)
{
    int i;
    for(i=2;i<=t/2;i++)
       if(t%i==0)
         return 0;
       return 1;
}
void main()
{
    int n;
    scanf("%d",&n);
    printf("result=%d",test(n));
}
```

【习题 6-7】 编写程序,实现由主函数输入 m,n,按下述公式计算并输出 C_m^n 的值。

$$C_m^n = \frac{m!}{n!(m-n)!}$$

程序如下:

```
/*c6_7.c*/
#include<stdio.h>
```

```
int func(int n)
{
  int i,s = 1;
  for(i = 1;i <= n;i++)
  {
    s = s * i;
  }
  return s;
}

void main()
{
  int m,n;
  scanf("%d%d",&m,&n);
  printf("%d",func(m)/(func(n) * func(m - n)));

}
```

【习题 6-9】编写一个将两个字符串连接起来的函数(即实现 strcat 函数的功能),两个字符串由主函数输入,连接后的字符串也由主函数输出。

程序如下:

```
/* c6_9.c */
#include <stdio.h>
int strcat1(char * s1,char * s2)
{  int t;
   while( * s1) s1++;
   while( * s2)
   {   * s1 = * s2;
       s1++;
       s2++;
}
     * s2 = '\0';
}
void main()
{ char * s1 = "Test1";
  char * s2 = "Test2";
  strcat1(char * s1,char * s2)
printf("%s",s1);                  /* puts(s1); */

}
```

【习题 6-11】编写一个实现 strcmp 函数功能的函数,并试用主函数调用之。

程序如下:

```
/* c6_11.c */
#include <stdio.h>
int strcmp(char * s1,char * s2)
{
  int t;
  while((t = ( * s1 - * s2)) == 0 )
```

```
    {
        s1++;
        s2++;
        if( * s1 == 0) break;
    }
    return t;
}
void main()
{
    char * s1 = "Test1";
    char * s2 = "Test2";
    printf("strcmp %s, %s= %d",s1,s2,strcmp(s1,s2));
}
```

【习题 6-13】编写一个实现 strlen 函数功能的函数，并试用主函数调用之。

程序如下：

```
/* c6_13.c */
#include <stdio.h>
int strlen1(char * s)
{
    int t = 0;
    while( * (s + t))
        t++;
    return t;
}
void main()
{
    char * s1 = "Test1";
    printf("strlen %s = %d",s1,strlen1(s1));
}
```

【习题 6-15】编写一函数实现用牛顿迭代法求方程 $ax^3+bx^2+cx+d=0$ 在 $x=1$ 附近的一个实根。主函数完成各系数值的输入及所求得的根值的输出。

迭代公式：

$$x_{n+1}=x_n-\frac{f(X_n)}{f'(X_n)} \quad |x_{n+1}-x_n|<1e-5$$

程序如下：

```
/* c6_15.c */
#include <math.h>
float root(float a,float b,float c,float d)
{   float x = 1,x1,f,f1;
    do
    {   x1 = x;
        f = ((a * x1 + b) * x1 + c) * x1 + d;
        f1 = (3 * a * x1 + 2 * b) * x1 + c;
        x = x1 - f/f1;
    }while(fabs(x - x1)> = 0.00001);
    return(x);
```

```
}
void main()
{   float a,b,c,d;
    printf("Enter values to a,b,c,d\n");
    scanf(" %f %f %f %f",&a,&b,&c,&d);
    printf("\nx = %8.4f\n",root(a,b,c,d));
}
```

【习题 6-17】编写计算最小公倍数的函数，试由主函数输入两个正整数 a 和 b 调用它。计算最小公倍数的公式为：

$$\mathrm{lcm}(u,v)=u*v/\mathrm{gcd}(u,v)\quad (u,v\geqslant 0)$$

其中，gcd(u,v)是 u、v 的最大公约数。lcm(u,v)是 u、v 的最小公倍数。

程序如下：

```
  /*c6_17.c*/
int getgcd(int m,int n)
{   int temp;
    while(m!=n)
    {   if(m<n) temp=m,m=n,n=temp;
        m=m-n;
    }
  return(m);
}

int getlcm(int m,int n)
{   return(m*n/getlcm(m,n));
}

#include "stdio.h"
void main()
{   int m,n,t;
    printf("Enter values to m,n:\n");
    scanf(" %d %d",&m,&n);
    t=getlcm(m,n);
printf(" %d",t);
}
```

【习题 6-19】将 6-8 题改为用带参数的宏名来求面积。

程序如下：

```
/*c6_19.c*/
#include <math.h>
#define n(a,b,c) (a+b+c)/2
#define s(a,b,c,n) sqrt(n(a,b,c)*(n(a,b,c)-a)*(n(a,b,c)-b)*(n(a,b,c)-c))
#include "stdio.h"
void main()
{   float a,b,c,d;
    for(i=0;i<10;i++)
    {   scanf(" %f %f %f",&a,&b,&c);
        if(a+b>c&&a+c>b&&b+c>a&&a>0&&b>0&&c>0)
```

```
    {  d = s(a,b,c,n);
       printf("It can form a triangle\n");
       printf("d = %f",d);
     }
    else
       printf("It can not form a triangle\n");
}
```

【习题 6-21】编写一个将英文字符串中所有字的首字符转换成相应大写字符的函数，并试用主函数调用。

程序如下：

```
/*c6_21.c*/
#include <stdio.h>
#include <string.h>
void chang(char x[100])
{  int i;
   x[0] = x[0] - 32;
   for(i = 1;x[i]!= '\0';i++)
   {
     if(x[i-1] == ' ')
     {
        x[i] = x[i] - 32;
     }
   }
void main()
{
   char x[100];
   int i;
   printf("请输入英语句子\n");
   gets(x);
   for(i = 0;x[i]!= '\0';i++)
     if(x[i]>= 'A'&&x[i]<= 'Z') x[i] = x[i] + 32;
   printf("\n");
   puts(x);
   chang(x);
   for(i = 0;x[i]!= '\0';i++)
   {
     printf("%c",x[i]);
   }
   printf("\n");
}
```

【习题 6-23】编写一程序，每调用一次函数，显示一静态局部变量中的内容，然后为其加 1。

程序如下：

```
/*c6_23.c*/
void f(int x)
{  static int y;
```

```
    if(x == 0) y = 0;
    else y = y + 1;
    printf("%d\n",y);
}

void p()
{ printf("----- \n");}

void main()
{   int i;
    for(i = 0;i < 5;i++)
    {   f(i);
        p();
    }
}
```

第7章 指针

7.1 知识要点

(1) 地址与指针。
(2) 指针变量的定义和引用。
(3) 指针变量的运算。
(4) 一维数组的指针表示。
(5) 数组作函数参数时的指针表示。
(6) 字符串的指针表示。
(7) 指向多维数组的指针。
(8) 指针数组的应用。
(9) 多级指针的使用。
(10) 函数指针的应用。
(11) 返回指针的函数。
(12) 命令行参数。
(13) 关于指针复杂说明的理解。

7.2 重点与难点解析

【例题 7-1】 变量的指针,其含义是指该变量的(　　)。

A. 值　　　B. 地址　　　C. 名　　　D. 一个标志

【解析】 变量通常有 3 个特征:名字、地址和内容(值)。变量的指针含义就是指该变量的地址。

【正确答案】 B

【例题 7-2】 若有语句 int ＊point,a=4;和 point=&a;,下面均代表地址的一组选项是(　　)。

A. a,point,＊&a　　　B. &＊a,&a,＊point

C. ＊&point,＊point,&a　　　D. &a,&＊point,point

【解析】本例定义了一个指针变量 point，它指向整型变量 a，即 point 中存放的是 a 的地址。& 是取地址运算符，其操作数是变量名，用来取变量的地址。* 是间接访问运算符，它是 & 的逆运算，其操作数是地址表达式，运算的结果是以地址表达式的取值为指针所指向的对象。& 和 * 都是自右至左结合的单目运算符，故有 & * point≡&(* point)≡&a，* &point≡point≡&a，那么 &a、point、& * point 和 * &point 都表示变量 a 的地址；a、* point、* &a 表示的是变量 a 的内容；而 & * a 是非法的表达式，因为"*"后面只能是地址表达式，所以正确答案只能是 D。

【正确答案】D

【例题 7-3】设有定义：int a=0，* p=&a，** q=&p；，则以下选项中，正确的赋值语句是(　　)。

A. p=1　　　　B. * q=2　　　　C. q=p　　　　D. * p=5

【解析】根据定义可知，p 是一个指向整型变量 a 的指针，q 是一个指向指针 p 的指针，如图 1-7-1 所示。指针赋值运算原则：任何指针可以直接赋予同类型的指针变量；常数 0 和 NULL 可以赋给任意类型的指针变量；不同类型的指针之间必须通过类型强制转换后才能赋值，但 void * 除外。不能将一个整数(常数 0 除外)赋予指针，因为整数不是地址数据。由此可知，选项 A 明显错误；选项 B 中的 * q 实际就是指针 p，所以 B 等价于 p=2，同样错误；选项 C 中虽说 q 和 p 都是指针，但是二者类型不同，q 是 char ** 类型，而 p 是 char * 类型，不同类型的指针之间必须通过类型强制转换后才能赋值，所以 C 错误。选项 D 是正确的，* p 实际就是变量 a，所以此句等价于 a=5，是正确的赋值语句。

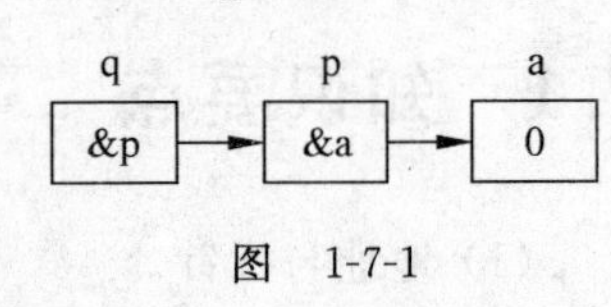

图　1-7-1

【正确答案】D

【例题 7-4】若有定义语句：int a[4]={0,1,2,3}，* p；p=&a[1]，则++(* p)的值是(　　)。

【解析】根据定义可知，指针 p 指向 a[1]元素。表达式 ++(* p)中，* p 左右有改变优先级的小括号，所以首先计算 * p，取 p 指向的对象 a[1]，即 ++(a[1])，由于自增运算符 ++ 是前置的，则是先对 a[1]做加 1 操作后再做其他的运算，所以最后表达式的值是 2。

本例中去掉 * p 左右的小括号写成 ++ * p 也是可以的，它和 ++(* p)是等价的，这是因为 ++ 和 * 都是优先级相同的自右至左结合的单目运算符，根据运算规则，优先级相同时根据结合性来确定运算顺序，所以也是先计算 * p，再做 ++ 操作。

【正确答案】2

【例题 7-5】设有语句：int a[ ]={1,2,3,4,5}，* p,i；p=a；且 0⩽i<5，则下列选项中对数组元素地址的正确表示是(　　)。

A. &(a+i)　　　　B. a++　　　　C. &p　　　　D. &p[i]

【解析】本例中指针 p 指向数组 a 的首地址。数组元素可以用下标法和指针法两种方法来表示，用指针法表示数组元素比用下标法更方便、快捷。选项 A 是错误的，因为 & 是取地址运算符，其操作数应该是变量名，用来取变量的地址，而数组名 a 是一个地址常量，a+i 表示的也是一个地址，所以这是一个非法表达式；同理，a 是个地址常量，它不能做自增运算，所以选项 B 也是非法表达式；选项 C 是一个合法的表达式，表示的也是一个地址，但是它不是数组元素的地址，而是指针变量p自身的存储地址，所以不正确；正确的答案是选项D，由于p=a，p[i]实际上就是a[i]，而&p[i]就是a[i]元素的地址。

【正确答案】 D

【例题7-6】 设有语句：char str[ ]="Hello"，*p；p=str；，执行完上述语句后，*(p+5)的值是（　　）。

A. '0'　　B. '\0'　　C. 'o'的地址　　D. 不确定的值

【解析】 本例中定义了未指定数组大小的字符数组str，但用字符串常量"Hello"进行了初始化，系统会根据初值字符串来确定str数组的长度，字符串常量"Hello"包含一个字符串结束符，因此系统会确定str的存储空间长度为5+1。字符指针p指向数组str的首地址，即p中存放的是字符'H'的地址。p+5就是使指针向后指5个同类型的数据，即往后指5个字符，指向的就是字符串结束符'\0'，如图1-7-2所示，所以正确答案是B。

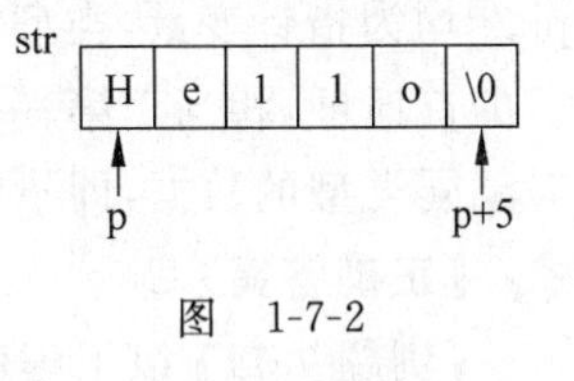

图 1-7-2

【正确答案】 B

【例题7-7】 设有语句：int a[3][4]，(*p)[4]；p=a；，则表达式*(p+1)等价于（　　）。

A. &a[0][1]　　B. a+1　　C. &a[1][0]　　D. a[1][0]

【解析】 本例中p被定义成指向有4个元素的int型数组的指针变量，p的类型为int(*)[4]。(*p)效果上等同于有4个元素的int数组的数组名，类型为int *。a是一个二维数组，它可以看成是由3个一维数组组成的一维数组。p指向数组a的首地址，即*p相当于a数组中第1个一维数组(第0行)的数组名，*(p+1)即相当于a数组中第2个一维数组(第1行)的数组名，那么*(p+1)等价于&a[1][0]。

【正确答案】 C

【例题7-8】 以下程序运行后的输出结果是（　　）。

```
#include <stdio.h>
void main(void)
{
    int a[ ] = {1,2,3,4,5,6,7,8,9,10}, *p = a + 3, *q = NULL;
    *q = *(p + 3) ;
    printf("%d  %d\n", *p, *q);
}
```

A. 运行时报错　　B. 4　4　　C. 4　7　　D. 3　6

【解析】 使用指针变量时要注意，必须给指针变量赋值，使指针指向一个明确的对象后，才能使用指针指向的对象。本例中p指针有明确的指向，所以*(p+3)是有意义的表达式；而q指针由于被初始化为NULL，表示q指针不指向任何对象，那么在语句*q=*(p+3)；中，将*(p+3)赋给q指向的对象就是无意义的。因此，本程序能成功编译但在运行时会报错。

【正确答案】 A

【例题7-9】 已有定义int (*p)( )；，指针p（　　）。

A. 代表函数返回值　　B. 指向函数入口地址

C. 表示函数类型　　D. 表示函数返回值类型

【解析】本例中 p 被定义成一个指向函数的指针，它是一个存放函数入口地址的指针变量。该函数的返回值（函数值）是整型。

【正确答案】B

【例题 7-10】设有语句：int a[3][2]={1,2,3,4,5,6}，* p[3]；p[0]=a[1]；，则 * (p[0]+1)所代表的数组元素是（　　）。

A. a[0][0]　　B. a[1][0]　　C. a[1][1]　　D. a[1][2]

【解析】本例中定义的 int * p[3]；，表示 p 是一个指针数组，3 个数组元素 p[0]，p[1]，p[2]均为指针变量，类型为 int *。通过赋值语句 p[0]=a[1]；，p[0]即指向数组 a 的第一行的首地址，相当于第一行这个一维数组的数组名，p[0]+1 表示指向下一个与 p[0]指向的对象同类型的数据，即指向 a[1][1]元素，* (p[0]+1)即为元素 a[1][1]。

【正确答案】C

【例题 7-11】以下程序运行后的输出结果是（　　）。

```
#include < stdio.h >
void main(void)
{
    char str[ ][10] = {"China","Beijing"}, * p = &str[0][0];
    printf(" % s\n",p + 10);
}
```

A. China　　B. Beijing　　C. ng　　D. ing

【解析】本例中指针 p 被定义成 char * 型，所以它指向的对象是字符型的数据。p 通过初始化后指向的是 str 数组的首地址，实际上指向的就是 str 数组中的第一个字符'C'，p+10 即是使 p 指向它后面第 10 个与 p 指向的对象同类型的数据，即向后指 10 个字符。由于 str 是 2×10 的字符数组，所以 p+10 就指向了字符'B'，再将 p+10 作为字符串的首地址输出，于是程序运行后的输出结果应该是 Beijing。

【正确答案】B

【例题 7-12】程序有说明：void * func( )；，此说明的含义是（　　）。

A. func 函数无返回值

B. func 函数的返回值可以是任意的数据类型

C. func 函数的返回值是无值型的指针类型

D. 指针 func 指向一个函数，该函数无返回值

【解析】"* 函数名(形参表)"是指针函数说明符，* func( )说明 func 是一个返回指针的函数，类型说明符 void 表示 func 函数返回的指针是 void 类型的，即无值型，所以选项 C 正确。

注意区别 void (* func)( )；，这是一个变量说明，说明 func 是一个指向函数入口地址的指针变量，该函数的返回值是 void 类型，它和本例是两个完全不同的概念。

【正确答案】C

【例题 7-13】以下程序运行后的输出结果是（　　）。

```
#include < stdio.h >
void main(void)
```

```
{
    int a[ ] = {1,2,3,4,5};
    int y, * p = &a[2];
    y = ( * - - p)++;
    printf(" % d\t",y);
    printf(" % d\t",a[1]);
    printf(" % d\n", * p);
}
```

【解析】本例中 p 初始化后指向 a[2]元素，赋值语句 y=(* --p) ++ 中有改变运算优先级的小括号，因此应先计算小括号中的内容，* 和 -- 都是自右至左结合的单目运算符，应该是先计算 -- p，-- p 即是使 p 指针指向前面一个与 p 指向的对象同类型的数据，所以 -- p 的结果指向 a[1]元素；下一步再计算 * p，也就是取 p 指针指向的对象，即 a[1]元素，计算到这里，原赋值语句就相当于 y=a[1] ++；此时，由于 ++ 是后置自增运算符，所以先执行 y=a[1]，即 y=2，然后将 a[1]自增 1，即 a[1] 的值为 3；而由于 p 指针是指向a[1]元素的，所以 * p 的值为 3。

【正确答案】2　　3　　3

【例题 7-14】若有定义：int a[3][4],i,j;（且 0≤i<3,0≤j<4），则 a 数组中任一元素可用 5 种形式引用。它们是：

(1) a[i][j]

(2) *(a[i]+j)

(3) *(* ＿①＿)

(4) (＿②＿)[j]

(5) *(＿③＿ +4 * i+j)

【解析】数组在实现方法上只有一维的概念，多维数组被看成以下一级数组为元素的数组。多维数组的数组名是指向下一级数组的指针，多维数组的元素是指向下一级数组的元素的指针。本例中数组 a 是一个 3 行 4 列的二维整型数组。a 是二维数组名、地址常量，a 的值等于 &a[0][0]，代表第 0 行的首地址，a 指向的是由 4 个 int 型整数组成的一维数组。所以 a 和 a+i 是 int (*)[4]类型的指针，即一维数组的指针。根据数组元素的下标法和指针法，数组元素可以表示成多种形式。具体请参见教材 7.4.1 小节多维数组的处理。

【正确答案】① (a+i)+j　　② *(a+i)　　③ a[0]

【例题 7-15】以下程序运行后的输出结果是(　　)。

```
#include < stdio.h >
void main(void)
{  char * a[ ] = {"Fortran","C language","Java","Coble"};
   char ** p;
   int i;
   p = a + 3;
   for(i = 3;i > = 0;i -- )
      printf(" % s\n", * (p -- ));
}
```

【解析】字符指针数组常用来表示字符串数组。本例中 a 就是一个长度为 4 的字符指针数组，该数组的元素是 char * 类型的。a[i]或者 *(a+i) 表示第 i 个字符串的首地址，等同于一个字符数组名，是 char * 变量。p 是一个指向字符指针变量的指针，二级字符指针，被赋值为指向字符串数组中第 3 个字符串的首地址。程序中 for 循环将字符串数组中的字符串通过 *(p--)逆序输出。

【正确答案】Coble

Java

C language

Fortran

【例题 7-16】以下程序运行后的输出结果是(　　)。

```
#include <stdio.h>
void main(void)
{
    int a[][3] = {{1,2,3},{4,5},{6}};
    int i, *p = a[0],(*q)[3] = a;
    for(i = 0;i < 3;i++)
      printf("  %d", *++p);
    printf("\n");
    for(i = 0;i < 3;i++)
      printf("  %d", *(*(q+i)+1));
    printf("\n");
}
```

【解析】本例中 p 是一级指针，开始指向 a[0][0]，循环语句执行了 3 次，每次是将 p 先加 1，因此，第 1 次加 1 后 p 指向 a[0][1]，然后是 a[0][2]和 a[1][0]，所以会输出 2,3,4。q 是指向数组的指针，q+0 指向 a[0]，q+1 指向 a[1]，q+2 指向 a[2]，则 *(q+0)+1 指向 a[0][1]，*(q+1)+1 指向 a[1][1]，*(q+2)+1 指向 a[2][1]，所以会输出 2,5,0。

【正确答案】2　3　4

2　5　0

7.3　测试题

7.3.1　单项选择题

1. 已有定义：int i,a[10], * p;，则合法的赋值语句是(　　)。

A. p=100;　　B. p=a[5];　　C. p=a[2]+2;　　D. p=a+2;

2. 若有以下说明和语句：int c[4][5],(* p)[5];p=c;，能正确引用 c 数组元素的是(　　)。

A. p+1　　B. *(p+3)　　C. *(p+1)+3　　D. *(p[0]+2)

3. 程序中若有如下说明和定义语句：

```
char func(char *);
void main(void)
{
```

```
    char * s = "one",a[5] = {0},( * f1)( ) = func,ch;
    ...
}
```

以下选项中对函数 func 的正确调用是(　　)。

A. (* f1)(a)　　B. * f1(* s)　　C. func(&a)　　D. ch= * f1(s)

4. 有以下函数：

```
int func(char * a,char * b)
{
    while(( * a!= '\0')&&( * b!= '\0')&&( * a == * b))
    {  a++; b++;  }
     return( * a - * b);
}
```

该函数的功能是(　　)。

A. 计算 a 和 b 所指字符串的长度之差

B. 将 b 所指字符串连接到 a 所指字符串中

C. 将 b 所指字符串连接到 a 所指字符串后面

D. 比较 a 和 b 所指字符串的大小

5. 设有定义：int a, * pa=&a;,以下 scanf 语句中能为变量 a 正确读入数据的是(　　)。

A. scanf("%d",pa);　　B. scanf("%d",a);

C. scanf("%d",&pa);　　D. scanf("%d", * pa);

6. 若有说明：int * p,m=5,n;,以下正确的程序段是(　　)。

A. p=&n;
scanf("%d",&p);

B. p=&n;
scanf("%d", * p);

C. scanf("%d",&n);
* p=n;

D. p=&n;
* p=m;

7. 设 p1 和 p2 是指向同一个字符串的指针变量,c 为字符变量,则以下不能正确执行的赋值语句是(　　)。

A. c= * p1+ * p2　　B. p2=c

C. p1=p2　　D. c= * p1 * (* p2)

8. 若有说明语句：char a[ ]="It is mine"; char * p="It is mine";,则以下不正确的叙述是(　　)。

A. a+1 表示的是字符 t 的地址

B. p 指向另外的字符串时,字符串的长度不受限制

C. p 变量中存放的地址值可以改变

D. a 中只能存放 10 个字符

9. 若有定义：int a[2][3];,则对 a 数组的第 i 行第 j 列元素值的正确引用是(　　)。

A. * (* (a+i)+j)　　B. (a+i)[j]

C. * (a+i+j)　　D. * (a+i)+j

10. 若有定义：int (* p)[4];,则标识符 p(　　)。

A. 是一个指向整型变量的指针

B. 是一个指针数组名

C. 是一个指针，它指向一个含有 4 个整型元素的一维数组

D. 定义不合法

7.3.2 填空题

1. 下面程序的功能是将两个字符串 s1 和 s2 连接起来，请填空。

```
#include <stdio.h>
void conj(char * p1,char * p2)
{
    char * p = p1;
    while( * p1)
    ①;
    while( * p2)
    {
        * p1 = ②;
        p1++;
        p2++;
    }
    ③;
}
void main(void)
{
    char s1[80],s2[80];
    gets(s1);
    gets(s2);
    conj(s1,s2);
    puts(s1);
}
```

2. 下面函数的功能是从输入的 10 个字符串中找出最长的那个串，请填空。

```
void fun(char str[10][50],char ** sp)
{
    int i;
    * sp = ①;
    for(i = 1;i < 10;i++)
        if(strlen( * sp)< strlen(str[i]))
            ②;
}
```

3. 下面函数的功能是统计存储在字符串的英文句子中单词的个数，单词之间用空格分隔，单词的个数作为函数的返回值，请填空。

```
int word(char * str)
{
    int count,flag;
    char * p;
    count = 0;
    flag = 0;
```

```
    p = str;
    while(①)
    {
        if( * p == ' ')
            flag = 0;
        else
            if(②)
            {
                flag = 1;
              count++;
            }
            ③;
    }
    return count;
}
```

4. 下面程序的功能是将字符串中各字符间存储一个空格，如原字符串存储格式为hello，插入空格后的存储格式为 hello，请填空。

```
#include <stdio.h>
#include <string.h>
void insert(char * str)
{
    int i;
    i = strlen(str);
    while(i > 0)
    {
      ① = ( * (str + i));
      ② = ' ';
      i -- ;
    }
}
void main(void)
{
    char s[80];
    gets(s);
    insert(s);
    puts(s);
}
```

5. 以下程序的功能是将一个字符串的各字符顺序向后移 n 个位置，最后 n 个字符变成最前面的 n 个字符，请填空。

```
#include <stdio.h>
#include <string.h>
void test(char * str, int n)
{
    char temp;
    int i;
    temp = ①;
    for(i = n - 1; i > 0; i -- )
```

```
        *(str+i) = *(str+i-1);
        ② = temp;
}
void main(void)
{
    char s[40] = "abcedfghi";
    int i,n=3,len;
    len = ③;
    for(i=1;i<=n;i++)
        test(s,len);
    puts(s);
    }
```

7.3.3 编程题

1. 编写一个求字符串长度的函数(参数用指针),在主函数中输入字符串,并输出其长度。

2. 编写通过指针求整型数组平均值的函数,在主函数中输入数组,并输出平均值。

3. 编写程序,输入一个表示月份的整数,输出该月份的名字。

4. 输入一个字符串,判断是否回文。“回文”是指顺读和逆读都一样的字符串,如“abcba”。

7.3.4 测试题参考答案

【7.3.1 单项选择题参考答案】

1. D　2. D　3. A　4. D　5. A　6. D　7. B　8. D　9. A　10. C

【7.3.2 填空题参考答案】

1. ① p1++　② *p2　③ *p1='\0'
2. ① str[0]　② *sp=str[i]
3. ① *p!='\0'　② flag==0　③ p++
4. ① *(str+2*i)　② *(str+2*i-1)
5. ① *(str+n-1)　② *(str)　③s trlen(s)

【7.3.3 编程题参考答案】

1. 程序如下:

```
#include <stdio.h>
int length(char *str)
{
    int len = 0;
    while( *str!= '\0')
    {
      len++;
      str++;
    }
    return len;
}
```

```
void main(void)
{
  char s[40];
  printf("输入字符串：");
  gets(s);
  printf("字符串长度为：%d\n",length(s));
}
```

2. 程序如下：

```
#include <stdio.h>
#define N 10
float average(int *a,int n)
{
   int sum=0,i;
   for(i=0;i<n;i++)
   {
     sum+=*a;
     a++;
   }
   return (float)sum/n;
}
void main(void)
{
   int array[N],i;
   printf("输入%d个整数:",N);
   for(i=0;i<N;i++)
     scanf("%d",&array[i]);
   printf("平均值为：%.2f\n",average(array,N));
}
```

3. 程序如下：

```
#include <stdio.h>
void main(void)
{
   int x;
   char *month[]={"Illegal month","January","February","March","April","May", "June",
"July","August","September","October","November","December"};
   printf("输入月份：");
   scanf("%d",&x);
   if(x>=1&&x<=12)
     printf("%s\n",month[x]);
   else
     printf("%s\n",month[0]);
}
```

4. 程序如下：

```
#include <stdio.h>
#include <string.h>
char *huiwen(char *str)
```

```
{
    char * p1, * p2;
    int i,t = 0;
    p1 = str;
    p2 = str + strlen(str) - 1;
    for(i = 0;i <= strlen(str)/2;i++)
      if( * p1++!= * p2 - - )
      {
          t = 1;
          break;
      }
    if(!t)
      return("yes!");
    else
      return ("no!");
}
void main(void)
{
    char str[50];
    printf("输入字符串：");
    scanf(" % s",str);
    printf("\n 判断结果： % s\n",huiwen(str));
}
```

7.4 教材课后习题解答

【习题 7-1】输入 3 个整数,按从小到大的顺序输出。

程序如下：

```
/ * c7_1.c * /
# include < stdio. h >
void swap(int * p1,int * p2)
{
    int p;
    p = * p1;
    * p1 = * p2;
    * p2 = p;
}
void main(void)
{
    int n1,n2,n3;
    int * pointer1, * pointer2, * pointer3;
    printf("请输入 3 个整数 n1,n2,n3: ");
    scanf(" % d, % d, % d",&n1,&n2,&n3);
    pointer1 = &n1;
    pointer2 = &n2;
    pointer3 = &n3;
    if(n1 > n2) swap(pointer1,pointer2);
    if(n1 > n3) swap(pointer1,pointer3);
```

```
    if(n2 > n3) swap(pointer2,pointer3);
    printf("排序后 3 个整数为: %d, %d, %d\n",n1,n2,n3);
}
```

【习题 7-3】输入一个字符串,用指针方式逐一显示字符,并求其长度。

程序如下:

```
/*c7_3.c*/
#include <stdio.h>
#include <string.h>
void main(void)
{
    char str[100], *p;
    printf("输入字符串");
    gets(str);
    p = str;
    printf("结果输出:");
    while( *p!= '\0')
    {
        printf("%c", *p);
        p++;
    }
    printf("\n 字符串长度 = %d\n",p - str);
}
```

【习题 7-5】从键盘输入一个字符串,然后按照字符顺序从小到大进行排列,并删除重复的字符。p 程序如下:

```
/*c7_5.c*/
#include <stdio.h>
#include <string.h>
void main(void)
{
    char str[100], *p, *q, *r,c;
    printf("输入字符串:");
    gets(str);
    for(p = str; *p;p++)
    {
      for(q = r = p; *q;q++)
        if( *r > *q) r = q;
      if(r!= p)
      {
         c = *r;
         *r = *p;
         *p = c;
       }
    }
    for(p = str; *p;p++)
    {
      for(q = p; *p == *q;q++);
      if(p!= q) strcpy(p + 1,q);
```

```
    }
    printf("结果字符串是:%s\n",str);
}
```

【习题 7-7】不使用 strcpy 函数，实现字符串的复制功能。

程序如下：

```
/*c7_7.c*/
#include<stdio.h>
#include<string.h>
void copy_string(char *from,char *to)
{  for(;*from!='\0';from++,to++)
      *to=*from;
   *to='\0';
}

void main(void )
{  char s1[ ]="I am a teacher.",*a=s1;
   char s2[ ]="You are a student.",*b=s2;
   printf("string_a=%s\nstring_b=%s\n",a,b);
   copy_string(a,b);
   printf("\nstring_a=%s\nstring_b=%s\n",a,b);
}
```

【习题 7-9】用函数 void sort(int *p,int n)实现将 n 个数按递减顺序排序，主函数中输入 n 个数并输出排序后的结果。

程序如下：

```
/*c7_9.c*/
#include<stdio.h>
void sort(int *p,int n)
{
    int i,j,m,t;
    for(i=0;i<n-1;i++)
    {
        m=i;
        for(j=i+1;j<n;j++)
            if(p[m]<p[j]) m=j;
        if(m!=i)
        {
            t=p[i];
            p[i]=p[m];
            p[m]=t;
        }
    }
}
void main(void)
{
    int a[10],i;
    printf("输入10个数:");
    for(i=0;i<10;i++)
```

```
        scanf(" %d",&a[i]);
    sort(a,10);
    printf("排序后结果:\n");
    for(i = 0;i<10;i++)
        printf(" %d ",a[i]);
}
```

【习题 7-11】有 n 个整数,使其前面各数顺序向后移 m 个位置,最后 m 个数变成最前面的 m 个数。

程序如下:

```
/*c7_11.c*/
#include <stdio.h>
void move(int array[20],int n,int m )
{
    int *p,array_end;
    array_end = *(array + n - 1);
    for(p = array + n - 1;p > array;p -- )
        *p = *(p - 1);
    *array = array_end;
    m -- ;
    if(m > 0) move(array,n,m);
}
void main(void)
{
    int number[20],n,m,i;
    printf("the total numbers is:");
    scanf(" %d",&n);
    printf("back m:");
    scanf(" %d",&m);
    printf("enter the numbers(total = %d):",n);
    for(i = 0;i < n;i++)
        scanf(" %d",&number[i]);
    move(number,n,m);
    for(i = 0;i < n;i++)
        printf(" %d",number[i]);
    printf("\n");
}
```

【习题 7-13】设二维整型数组 da[4][3],试用数组指针的方法,求每行元素的和。

程序如下:

```
/*c7_13.c*/
#include <stdio.h>
void main(void)
{
    int da[4][3] = {1,2,3,4,5,6,7,8,9,10,11,12};
    int (*pa)[3];
    int i,j,s;
    for(i = 0;i < 4;i++)
    {
```

```
        pa = &da[i];
        s = 0;
        for(j = 0;j < 3;j++)
            s + = ( * pa)[j];
        printf("Row: % d Sum: % d\n",i,s);
    }
}
```

【习题 7-15】 30 个学生，5 门课，要求在主函数中输入学生成绩，再分别调用各函数实现如下要求：

(1) 求各门课程的平均分数；

(2) 找出不及格学生，输出其序号及成绩；

(3) 求每个学生的平均分。

程序如下：

```
/ * c7_15.c * /
# include < stdio. h >
# define N 30
void course_aver(int b[N][6])
{
    int i,j,total;
    float average;
    for(j = 1;j < = 5;j++)
    {
        for(total = 0,i = 0;i < N;i++)
            total + = b[i][j];
        average = (float)total/N;
        printf("第 % d 门课程的平均分为: % .2f\n",j,average);
    }
}

void student_aver(int b[N][6])
{
    int i,j,total;
    float average;
    for(i = 0;i < N;i++)
    {
        for(total = 0,j = 1;j < 6;j++)
            total + = b[i][j];
        average = (float)total/5;
        printf(" % d 号学生的平均分为: % .2f\n",b[i][0],average);
    }
}

void fail(int b[N][6])
{
    int i,j,count = 0;
    printf("不及格的学生有:\n");
    for(i = 0;i < N;i++)
    {
```

```
        for(j = 1;j <= 5;j++)
          if(b[i][j]< 60) break;
        if(j < 6)
        {
          count++;
          for(j = 0;j <= 5;j++)
            printf(" %d ",b[i][j]);
          printf("\n");
        }
      }
      printf("共%d人!\n",count);
}

    void main(void)
    {
        int a[N][6],i,j;
        for(i = 0;i < N;i++)
        {
            a[i][0] = i + 1;
            printf("请输入第%d个学生的5门成绩:\n",i + 1);
            for(j = 1;j <= 5;j++)
            {
                printf("第%d门课程:",j);
                scanf("%d",&a[i][j]);
            }
        }
        course_aver(a);
        printf("\n");
        fail(a);
        printf("\n");
        student_aver(a);
}
```

【习题 7-17】定义一个存放学生姓名的指针数组。再设计一个根据学生姓名查找的函数,返回查找成功与否,并在主函数中显示查找结果。

程序如下:

```
/*c7_17.c*/
#include <stdio.h>
#include <string.h>
#define N 5
char *student[N] = {"john","tom","mary","kate","peter"};
int search(char *name,int n)
{
    int i;
    for(i = 0;i < n;i++)
    {
      if(strcmp(name,student[i]) == 0) return 1;
    }
    return 0;
}
```

```
void main(void)
{
    char na[10];
    int flag = 0;
    do
    {    printf("enter name:");
         gets(na);
         if(search(na,N))
           printf("YES!\n");
         else
           printf("NO!\n");
         printf("continue?(1/0)");
         scanf(" %d",&flag);
         getchar( );
    }while(flag);
}
```

【习题 7-19】使用命令行参数编写程序，能实现将一个任意正整数 n 变换成相应的二进制数输出。

程序如下：

```
/* c7_19.c */
#include <stdio.h>
void main(int argc, char * argv[ ])
{
    int i,a = 0;
    char * s;
    int t[100],count = 0;
    if(argc <= 1)
    {
        printf("请在命令行输入一个正整数!");
        return;
    }
    s = argv[1];
    for(; * s;s++)
    {
      if('0'<= * s&& * s <= '9')
        a = a * 10 + ( * s - '0');
      else
        break;
    }
    while(a)
    {
      t[count++ ] = a % 2;
      a/ = 2;
    }
    for(i = count - 1;i >= 0;i -- )
    {
      printf(" %d",t[i]);
    }
}
```

第8章 结构与联合

8.1 知识要点

(1) 结构体的说明：C语言允许用户将不同类型的数据组合成一个有机的整体，用户可以自定义结构体类型，定义了结构体类型后，就可以定义相应类型的变量，并在其中顺序存放具体的数据。

(2) 结构体变量运算：与结构体有关的运算符有 &、*、.、->、= 和 sizeof 等几种。

(3) 结构体的应用：结构体常与指针配合用于建立动态数据结构，例如链表等。

8.2 重点与难点解析

在现实世界中，所处理的数据并非总是一个简单的整型、实型或字符型。如要处理的对象是学生，不可能孤立地考虑学生成绩，而割裂学生成绩与学生其他属性之间的内在联系，否则将导致操作不便或逻辑错误。为了解决这个问题，需要引入结构体类型，将逻辑相关的数据有机组合在一起。本章重点是掌握结构体变量的定义和使用。同时要掌握结构体数组、结构体指针的定义和使用，这是本章的难点。

【例题 8-1】 已知今天的日期，编程求出明天的日期。例如，今天是 2007 年 12 月 31 日，则明天的日期应该是 2008 年 1 月 1 日。

【解析】 C语言中没有日期这种数据类型，需要采用结构体来定义。在计算日期时需要考虑到闰年，闰年时，2 月份为 29 天。闰年的计算规则是：能够被 4 整除的年份中去掉能够被 100 整除的年份再加上能够被 400 整除的年份。因此需要设计一个函数判断当前年份是否是闰年。计算明天的日期需要考虑 3 种情况：①当前日期不是一个月的最后一天；②当前日期是一个月的最后一天，但不是一年的最后一天；③当前日期是一年的最后一天。针对 3 种情况，需要进行不同的处理。如何判断当前日期是否是一个月的最后一天，也是解决本题的关键点之一。

【正确答案】

```
#include < stdio.h>
struct date
```

```
{
    int year,month,day;
};
int is_leap_year(struct date * pd)
{
    int leap_year = 0;
    if(pd -> year % 4 == 0&&pd -> year % 100!= 0||pd -> year % 400 == 0)
        leap_year = 1;
    return leap_year;
}
int number_of_day(struct date * pd)
{
    int day;
    int months[13] = {0,31,28,31,30,31,30,31,31,30,31,30,31};
    if(is_leap_year(pd)&&(pd -> month== 2))
        day = 29;
    else
        day = months[pd -> month];
    return day;
}
void main()
{
    struct date today,tomorrow;
    printf("Enter today\'s date(yyyy/mm/dd):");
    scanf("%d/%d/%d",&today.year,&today.month,&today.day);
    if(today.day!= number_of_day(&today))
    {
        tomorrow.day = today.day + 1;
        tomorrow.month = today.month;
        tomorrow.year = today.year;
    }
    else if(today.month!= 12)
    {
        tomorrow.day = 1;
        tomorrow.month = today.month + 1;
        tomorrow.year = today.year;
    }
    else
    {
        tomorrow.day = 1;
        tomorrow.month = 1;
        tomorrow.year = today.year + 1;
    }
    printf("Tomorrow\'s date is %d/%d/%d\n", tomorrow.year,tomorrow.month,tomorrow.day);
}
```

8.3 测试题

8.3.1 单项选择题

1. 若有以下说明和语句：

```
struct student
{
  int num;
  float score;
}std, * p;
p = &std;
```

则以下对结构体变量 std 中成员 num 的引用方式不正确的是(　　)。

A. std. num　　B. p -> num　　C. (* p). num　　D. * p. num

2. 以下程序在 Visual C++编译环境下的运行结果是(　　)。

```
void main()
{   struct date
    {
      int year,month,day;
    }today;
    printf(" % d\n",sizeof(struct date));
}
```

A. 6　　B. 8　　C. 10　　D. 12

3. 下列程序的输出结果是(　　)。

```
struct abc
{   int a; int b; int c };

void main( )
{   struct abc s[2] = {{1,2,3},{4,5,6}};
    int t;
    t = s[0].a + s[1].b;
    printf(" % d\n",t);
}
```

A. 5　　B. 6　　C. 7　　D. 8

4. 设有以下语句：

```
struct st
{ int n;
  struct st * next;
};
static struct st a[3] = {5,&a[1],7,&a[2],9, '\0'}, * p;
p = &a[0];
```

则值为 6 的表达式是(　　)。

A. p++-> n　　B. p -> n++　　C. (* p). n++　　D. ++ p -> n

5. 以下程序的输出结果是(　　)。

```
#include < stdio.h >
struct stu
{ int num; char name[10]; int age; };

void func(struct stu * p)
```

```
{   printf("%s\n",(*p).name); }

void main( )
{   struct stu students[3] = {{9801,"Zhang",20},{9802,"Wang",19},
                              {9803,"Zhao",18}};
    func(students + 2);
}
```

A. Zhang　　B. Zhao　　C. Wang　　D. 18

6. 已知：enmu x{a,b=5,c,d};，枚举符 d 的值是（　　）。

A. 7　　B. 0　　C. 1　　D. 3

7. 下列关于枚举类型 ab 的定义中，正确的是（　　）。

A. enum ab{'a','b','c'};　　B. enum ab{"ab","cd","ef"};

C. enum ab{int a,int b,int c};　　D. enum ab{a,b,c};

8. 设有星期的枚举类型变量如下：

```
enum workday{mon,tue,wed,thu,fri};
enum workday date1,date2;
```

下面错误的赋值语句是（　　）。

A. data1＝sum　　B. date2＝mon　　C. date1＝date2　　D. date1＝fri;

9. 有以下程序：

```
struct STU
{
   char name[10];
   int num;
};
void f1(struct STU c)
{
  struct STU b = {"Lisi",2042};
  c = b;
}
void f2(struct STU *c)
{
  struct STU b = {"Wangwu",2044};
  *c = b;
}
void main()
{
  struct STU a = {"Zhanglin",2041},b = {"Zhaoyang",2043};
  f1(a); f2(&b);
  printf("%d %d\n",a.num,b.num);
}
```

执行后，输出的结果是（　　）。

A. 2041　2044　　B. 2041　2043　　C. 2042　2044　　D. 2042　2043

10. 若有如下定义，则变量 a 所占的内存字节数是（　　）。

```
union U
{
    char st[4];
    int i;
    long li;
};
struct A
{
   int c;
   union U u;
}a;
```

A. 4　　B. 5　　C. 6　　D. 8

8.3.2 填空题

1. 以下程序的运行结果是(　　)。

```
#include <stdio.h>
#include <stdlib.h>
#include <string.h>
struct ab
{
    int a;
    char *p;
} *s;
void main()
{
    struct ab b;
    s = &b;
    s->a = 8;
    s->p = (char *)malloc(50);
    strcpy(s->p,"12345");
    printf"(%s,%d\n",(*s).p,b.a);
}
```

2. 以下程序的输出结果是(　　)。

```
#include <stdio.h>
#include <string.h>
typedef struct student
{
   char name[10];
   long sno;
   float score;
}STU;
void main()
{
    STU a = {"Yinhang",2001,95},b = {"Lili",2002,90},c = {"Huangping",2003,95};
    STU d, *p = &d;
    d = a;
    if(strcmp(a.name,b.name)> 0) d = b;
```

```
    if(strcmp(c.name,d.name)>0) d=c;
    printf("%d%s",d->sno,d->name);
}
```

3. 以下程序的输出结果是(　　)。

```
 #include<stdlib.h>
 struct NODE{
 int num;
 struct NODE *next;
 };
void main()
{
  struct NODE *p, *q, *r;
  int sum;
  p=(struct NODE*)malloc(sizeof(struct NODE));
  q=(struct NODE*)malloc(sizeof(struct NODE));
  r=(struct NODE*)malloc(sizeof(struct NODE));
  p->num=1;q->num=2;r= ->num=3;
  p->next=q;q->next=r;r->next=NULL;
  sum+ =q->next->num; sum+ =p->num;
  printf("%d\n",sum);
}
```

4. 以下程序的输出结果是(　　)。

```
#include<stdio.h>
enum ab{A=3,B=0,C,D,E=4,F};
void main()
{
  enum ab i,j,k;
  i=(enum ab)(C+1);
  j=F;
  printf("%d, %d\n",i,j);
}
```

5. 以下程序的输出结果是(　　)。(整数占两个字节)

```
#include<stdio.h>
void main( )
{   union{ char i[2]; int k;}r;
    r.i[0]=2; r.i[1]=0;
    printf("%d\n",r.k);
}
```

8.3.3 编程题

1. 试利用结构体类型编制一个程序,实现输入一个学生的数学期中和期末成绩,然后计算并输出其平均成绩。

2. 试利用指向结构体的指针编制一个程序,实现输入3个学生的学号、数学期中和期末成绩,然后计算其平均成绩并输出成绩表。

8.3.4 测试题参考答案

【8.3.1 单项选择题参考答案】

1. D 2. D 3. B 4. D 5. B 6. A 7. D 8. A 9. A 10. C

【8.3.2 填空题参考答案】

1. 12345,8 2. 2003Huangping 3. 4 4. 2,5 5. 2

【8.3.3 编程题参考答案】

1. 程序如下：

```
void main()
{
  struct sudy
  {
    int mid;
    int end;
    int average;
  }math;
  scanf("%d %d",&math.mid,&math.end);
  printf("average = %d\n",math.average);
}
```

2. 程序如下：

```
#include <stdio.h>
struct stu
{
  int num;
  int mid;
  int end;
  int aver;
}s[3];
void main()
{
  struct stu *p;
  for(p = s;p < s + 3;p++)
  {
    scanf("%d%d%d",&(p->num),&(p->mid),&(p->end));
    p->aver = (p->mid + p->end)/2;
  }
  for(p = s;p < s + 3;p++)
    printf("%8d%8d%8d%8d\n",p->num,p->min,p->end,p->aver);
}
```

8.4 教材课后习题解答

【习题 8-1】 用一个数组存放图书信息，每本书是一个结构，包括下列几项信息：书名、作者、出版年月、借出否。试写出描述这些信息的说明，并编写一个程序，读入若干本书的信息，然后打印出以上信息。

程序如下：

```
/*c8_1.c*/
#include <stdio.h>
struct book
{
    char title[20];
    char aditor[10];
    int year;
    int month;
    char flag;
}liber[10];
void main( )
{
    int i;
    for(i = 0;i < 10;i++)
    {
      rintf("Input book title:\n");
      scanf("%s",liber[i].title);
      printf("Input book aditor:\n");
      scanf("%s",liber[i].aditor);
      printf("Input print year and month :\n");
      scanf("%d%d",&liber[i].year,&liber[i].month);
      printf("Input book information:\n");
      scanf("%c",&liber[i].flag);
    }
    for(i = 0;i < 10;i++)
      printf("%s, %s, %d- %d, %c\n",liber[i].title,liber[i].aditor,liber[i].year,liber[i].
month,liber[i].flag);
}
```

【习题 8-3】编写 input( )和 output( )函数，输入/输出 5 个学生记录，每个记录包括 num、name、score[3]。

程序如下：

```
/*c8_3.c*/
#include <stdio.h>
#define N 5
struct student
{
    char num[6];
    char name[8];
    int score[3];
}stu[N];
void input(struct student stu[])
{
   int i,j;
   for(i = 0;i < N;i++)
    {
        printf("num:");
```

```
        scanf("%s",stu[i].num);
        printf("name:");
        scanf("%s",stu[i].name);
        printf("please input score 1,2,3\n");
        for(j=0;j<3;j++)
          scanf("%d",&stu[i].score[j]);
        printf("\n");
     }
}
void print(struct student stu[])
{
  int i,j;
  printf("\nNo. Name Sco1 Sco2 Sco3\n");
  for(i=0;i<N;i++)
  {
    printf("%-6s%-10s",stu[i].num,stu[i].name);
    for(j=0;j<3;j++)
       printf("%-8d",stu[i].score[j]);
    printf("\n");
  }
}
void main( )
{
   input(stu);
   print(stu);
}
```

【习题 8-5】输入某班 30 位学生的姓名及数学、英语成绩，计算每位学生的平均分；然后输出平均分最高的学生的姓名及其数学和英语成绩。

程序如下：

```
/*c8_5.c*/
#include<stdio.h>
#define SIZE 50
struct student
{
   char name[10];
   int math,eng;
   float aver;
};
void main()
{
   struct student stu[SIZE];
   int i,maxstd=0;
   for(i=0;i<SIZE;i++)
   {
     scanf("%s%d%d",stu[i].name,&stu[i].math,&stu[i].eng);
     stu[i].aver=(stu[i].eng+stu[i].math)/2.0;
   }
   for(i=1;i<SIZE;i++)
     if(stu[i].aver>stu[maxstd].aver) maxstd=i;
```

```
printf("%10s%3d%3d\n",stu[maxstd].name,stu[maxstd].math,stu[maxstd].eng);
}
```

【习题 8-7】编程序建立一个带有头结点的单向链表，链表结点中的数据通过键盘输入，当输入数据为－1时，表示输入结束。

程序如下：

```
/*c8_7.c*/
#include<stdlib.h>
#include<stdio.h>
struct list
{
    int data;
    struct list *next;
};
typedef struct list node;
typedef node *link;
void main( )
{
   link ptr,head;
   int num;
   ptr=(link)malloc(sizeof(node));
   head=ptr;
   printf("please input data==>\n");
   scanf("%d",&num);
   while(num!=-1){
     ptr->data=num;
     scanf("%d",&num);
     if(num!=-1)
     {
        ptr->next=(link)malloc(sizeof(node));
        ptr=ptr->next;
     }
     else
     {
       ptr->next=NULL;
       break;
     }
     }
     ptr=head;
     while(ptr!=NULL)
     {
       printf("The value is==>%d\n",ptr->data);
       ptr=ptr->next;
     }
}
```

【习题 8-9】已知一个链表，链表中的结构为：

```
{
  char ch;
```

```
    struct link *next;
};
```

编写函数统计链表中的结点个数。

程序如下：

```
/*c8_9.c*/
struct link
#include<stdio.h>
struct link
{
    char ch;
    struct link *next;
};
count(struct link *head)
{
    struct link *p;
    int n=0;
    p=head;
    while(p!=NULL)
    {
      n++;
      p=p->next;
    }
    return n;
}
```

【习题 8-11】说明一个枚举类型 enum month,它的枚举元素为 Jan、Feb、…、Dec。编写能显示上个月名称的函数 last_month。例如,输入 Jan 时能显示 Dec。再编写另一个函数 printmon,用于打印枚举变量的值(枚举元素)。最后编写主函数调用上述函数生成一张 12 个月份及其前一个月份的对照表。

程序如下：

```
/*c8_11.c*/
#include<stdio.h>
enum month{Jan,Feb,Mar,Apr,May,Jun,Jul,Aug,Sep,Oct,Nov,Dec};
char *name[12]={"Jan","Feb","Mar","Apr","May","Jun","Jul","Aug","Sep",
"Oct","Nov","Dec"};
void last_month(enum month m1)
{
  enum month m2=(enum month)(((int)m1-1+12)%12);
  printf("%s",name[(int)m2]);
}
void printmon(enum month m)
{
  printf("%s",name[(int)m]);
}
void main()
{
  enum month m;
```

```
    for(m = Jan;m <= Dec;m = (enum month)(m + 1))
        printmon(m);
    printf("\n");
    for(m = Jan;m <= Dec;m = (enum month)(m + 1))
        last_month(m);
}
```

【习题 8-13】设有一包含职工编号、年龄和性别的单向链表，分别使用函数完成以下功能：

(1) 建立链表。

(2) 分别统计男女职工的人数。

(3) 在链表尾部插入新职工。

(4) 删除指定编号的职工。

(5) 删除 60 岁以上的男职工和 55 岁以上的女职工，被删除的结点保存到另一个链表中。

(6) 在主函数中设计简单的菜单去调用上述函数。

程序如下：

```
/* c8_13.c */
#include <stdlib.h>
#include <stdio.h>
struct node{
  long No;
  int age;
  char sex;
  struct node * next;
};
node * establish()                                          /* 建立链表 */
{
   struct node * h, * p, * q;
   long num;
   h = (struct node * )malloc(sizeof(struct node));
   p = q = h;
   printf("请输入职工编号(输入 0 退出输入)!\n");
   scanf("%ld",&num);
   while(num!= 0)
   {
      p = (struct node * )malloc(sizeof(struct node));
      p -> No = num;
      printf("请输入职工年龄和性别:\n");
      scanf("%d,%c",&p -> age,&p -> sex);
      q -> next = p;
      q = p;
      printf("请输入职工编号(输入 0 退出输入)!\n");
      scanf("%ld",&num);
   }
   p -> next = NULL;
```

```
    return h;
}
void count(node * phead)                           /* 统计员工人数 */
{
    int m = 0, f = 0;
    struct node * p;
    p = phead -> next;
    while(p!= NULL)
    {
        if(p -> sex== 'M'||p -> sex== 'm')
            m++;
        else
            f++;
        p = p -> next;
    }
    printf("男职工的人数为: %d\n 女职工的人数为: %d\n",m,f);
}
void addnew(node * phead)                          /* 添加新员工 */
{
    struct node * p, * q;
    printf("请输入新职工编号、年龄和性别!\n");
    p = (struct node * )malloc(sizeof(struct node));
    scanf(" %ld, %d, %c",&p -> No,&p -> age,&p -> sex);
    q = phead -> next;
    while(q -> next!= NULL)
        q = q -> next;
    q -> next = p;
    p -> next = NULL;
}
void del(struct node * phead,long num)             /* 删除指定编号员工 */
{
    struct node * p, * q;
    if(phead -> next== NULL)
    {
        printf("List is null.\n");
        return;
    }
    p = phead -> next;
    q = phead;
    while(p!= NULL&&p -> No!= num)
    {
        q = p;
        p = p -> next;
    }
    if(p== NULL) return;
    if(q!= NULL)
    {
        p = q -> next;
```

```
        q->next = p->next;
        free(p);
    }
}
Node *delToOther(node *phead)                      /*删除符合条件的员工*/
{
    struct node *h, *p, *q, *r;
    h = (struct node *)malloc(sizeof(struct node));
    q = phead;
    p = phead->next;
    r = h;
    while(p!= NULL)
    {
        if(((p->sex== 'M'||p->sex== 'm')&&p->age>= 60)||((p->sex== 'F'||p->sex== 'f')
            &&p->age>= 55))
        {
            q->next = p->next;
            r->next = p;
            r = p;
            r->next = NULL;
            p = p->next;
        }
        else
        {
            q = p;
            p = p->next;
        }
    }
    return h;
}

void main()
{
    char ch;
    long num;
    struct node *phead, *prest;
    printf(" 1.创建链表。\n 2.统计男女职工人数。\n
           3. 添加新员工。\n 4.删除指定编号的职工。\n
           5. 删除 60 岁以上的男员工和 55 岁以上的女员工。\n
           Enter your choice:1 2 3 4 5");
    scanf(" %d",&ch);                              /*通过键盘输入指定功能*/
    while(ch!= 0)
    {
        switch(ch)
        {
        case 1: phead = establish(); break;
        case 2: count(prest); break;
        case 3: addnew(phead); break;
```

```
        case 4: printf("请输入要删除的员工的编号:\n");
                scanf(" % ld",&num);
                del(phead,num); break;
        case 5: prest = delToOther(phead); break;
        default:break;
        }
        printf("\n 1.创建链表。\n 2.统计男女职工人数。\n
                3. 添加新员工。\n 4.删除指定编号的职工。\n
                5. 删除 60 岁以上的男员工和 55 岁以上的女员工。\n
                Enter your choice:1 2 3 4 5!");
        scanf(" % d",&ch);
    }
}
```

第9章

预处理和标准函数

9.1 知识要点

(1) 简单宏定义的使用。

(2) 宏替换的规则。

(3) 带参数的宏定义方法。

(4) 文件包含的形式。

(5) 条件编译的功能与形式。

(6) 格式输出函数 printf。

(7) 格式输入函数 scanf。

9.2 重点与难点解析

【例题 9-1】以下叙述中正确的是(　　)。

A. 预处理命令行必须位于源文件的开头

B. 在源文件的一行上可有多条预处理命令

C. 宏名必须用大写字母表示

D. 宏替换不占用程序的运行时间

【解析】C源程序中以#开头,以换行符结尾的行称为预处理命令。在源文件的一行上不能有多条预处理命令。预处理命令不是C语言的语法成分,而是传给C编译程序的指令,在编译源程序之前先由编译预处理程序将它们转换成能由C编译程序接收的正文。预处理命令行通常放在源程序开头部分,也可以放在源程序中任何位置。使用宏定义时通常用大写字母来定义宏名,以便与变量名区别,但不是必须。

【正确答案】D

【例题 9-2】以下叙述中正确的是(　　)。

A. 在程序的一行上可以出现多个有效的预处理命令行

B. 使用带参数的宏时,参数的类型应与宏定义时的一致

C. 宏替换不占用运行时间,只占用编译时间

D. C语言的编译预处理就是对源程序进行初步的语法检查

【解析】 在源文件的一行上不能有多条预处理命令。引用带参数的宏时对宏名和参数都不需要做类型说明。将程序中出现的与宏名相同的标识符替换为字符串的过程称为宏替换。宏替换是在预编译时进行的。预处理命令不是C语言的语法成分，而是传给C编译程序的指令，在编译源程序之前先由编译预处理程序将它们转换成能由C编译程序接收的正文。编译预处理阶段不会对源程序进行语法检查。当对一个源文件进行编译时，系统将自动引用预处理程序对源程序中的预处理部分做处理，处理完毕自动进入对源程序的编译。本题的正确答案是选项C。

【正确答案】 C

【例题 9-3】 以下程序运行后的输出结果是(　　)。

```
#include <stdio.h>
#define S(x) 2*x*x+1
void main(void)
{
   int m=3,n=4;
   printf("%d\n",S(m+n));
}
```

【解析】 本例程序中定义了一个带参数的宏S(x)，printf("%d\n",S(m+n))；是对这个宏的引用。在预编译时，此输出语句会被替换成：printf("%d\n",2*m+n*m+n+1)；，最后通过m和n的值计算出的结果是23。

注意：在使用宏时，宏替换只是一种简单的字符替换，不进行任何计算，也不做语法检查。在带参数的宏定义中，如果单词串是一个含有运算符的表达式，那么单词串中的每个参数都必须用圆括号括起来，并且整个表达式也要括起来。否则替换后的内容可能和原意不同。

如果本例中将宏定义写成如下形式：

```
#define S(x) (2*(x)*(x)+1)
```

那么在预编译时，输出语句会被替换成：

```
printf("%d\n",(2*(m+n)*(m+n)+1));
```

最后计算出来的结果是99。

【正确答案】 23

【例题 9-4】 在文件包含预处理命令形式中，当#include后的文件名用""(双引号)括起时，寻找被包含文件的方式是(　　)。

A. 直接按系统设定的标准方式搜索目录

B. 先在源程序所在目录中搜索，再按系统设定的标准方式搜索

C. 仅仅搜索源程序所在目录

D. 仅仅搜索当前目录

【解析】 文件包含命令中#include后的文件名使用尖括号括起时，表示在系统规定的目录(存放系统头文件的目录)中去查找，而不在源文件所在目录中去查找；使用双引号则表示首先在当前的源文件所在目录中查找，若未找到才到系统规定的标准目录中去查找。

用户编程时可根据自己文件所在的目录来选择某一种命令形式。一般来说,系统定义的头文件通常用尖括号,用户自定义的头文件通常用双引号。

【正确答案】B

【例题 9-5】在宏定义#define PI 3.1415 中,是用宏名 PI 代替一个( )。

A. 单精度数　　B. 双精度数　　C. 常量　　D. 字符串

【解析】简单宏定义的格式为:

```
#define 标识符 单词串
```

标识符就是宏名,它被定义为代表后面的单词串。单词串可以是任意以回车换行结尾的文字。

【正确答案】D

【例题 9-6】在任何情况下计算平方数都不会引起二义性的宏定义是( )。

A. #define POWER(x) x*x　　B. #define POWER(x) (x)*(x)

C. #define POWER(x) (x*x)　　D. #define POWER(x) ((x)*(x))

【解析】在带参数的宏定义中,如果单词串是一个含有运算符的表达式,那么单词串中的每个参数都必须用圆括号括起来,并且整个表达式也要括起来。否则替换后的内容可能和原意不同。

假设有引用:POWER(1+2)+POWER(3)

对于选项 A,宏替换后为 1+2*1+2+3*3=14;

对于选项 B,宏替换后为(1+2)*(1+2)+(3)*(3)=18;

对于选项 C,宏替换后为(1+2*1+2)+(3*3)=14;

对于选项 D,宏替换后为((1+2)*(1+2))+((3)*(3))=18;

很明显,A 和 C 都有歧义,B 和 D 的计算结果是正确的。再考虑如下引用:

```
POWER(1 + 2)/POWER(3)
```

对于选项 B,宏替换后为(1+2)*(1+2)/(3)*(3)=9;

对于选项 D,宏替换后为((1+2)*(1+2))/((3)*(3))=1;

可以看出,B 选项在此引用情况下也有歧义。所以正确答案是 D。

【正确答案】D

【例题 9-7】以下程序运行后的输出结果是( )。

```
#include <stdio.h>
void main(void)
{
    int x = 012, y = 102;
    printf(" %2d %2d", x, y);
}
```

A. 01 10　　B. 12 102　　C. 10 102　　D. 12,02

【解析】printf 函数中的%2d 表示数据以十进制整数形式输出,并且域宽为 2。printf 函数中的域宽指出了输出数据的最小宽度。如果数据的实际宽度大于该值,则按实际宽度输出,反之,在左边(左对齐时为右边)补空格或 0(当用 0 域宽说明字符时)。本例中 x 等于

012,是八进制的整数,转换成十进制后是10；y等于102,它的实际宽度大于定义的域宽2,所以按实际宽度输出。

【正确答案】C

【例题9-8】以下程序运行后的输出结果是(　　)。

```
#include <stdio.h>
void main(void)
{
int a=6,b=8;
printf("%d\n",a,b);
}
```

A. 运行出错　　B. 6　　C. 8　　D. 6,8

【解析】printf函数根据格式串中的转换说明来决定输出数据的数目和类型,如果转换说明项目数多于参数个数,或参数类型不正确,则会输出错误的数据(不报语法错)；如果输出参数的数目多于转换说明项数,则多出的参数不被输出。

【正确答案】B

【例题9-9】有以下语句：int i,char c[10];,则正确的输入语句是(　　)。

A. scanf("%d%s",&i,&c);　　B. scanf("%d%s",&i,c);

C. scanf("%d%s",i,c);　　D. scanf("%d%s",i,&c);

【解析】scanf函数的调用形式为：scanf(格式字符串,输入项地址表列);,输入项地址表列指明必须是存放输入数据的地址。本例中变量i的地址应表示为&i；c是一个字符数组,数组名是地址常量,所以c本身就代表地址。因此正确答案应该是选项B。

【正确答案】B

【例题9-10】有以下程序,若想从键盘上输入数据,使变量m中的值为12,n中的值为34,t中的值为56,则正确的输入是(　　)。

```
#include <stdio.h>
void main(void)
{
  int m,n,t;
  scanf("m=%dn=%dt=%d",&m,&n,&t);
  printf("%d %d %d\n",m,n,t);
}
```

A. m=12n=34t=56　　B. m=12 n=34 t=56

C. m=12,n=34,t=56　　D. 12 34 56

【解析】通常在scanf函数的格式字符串中不包含非%普通字符,此时输入数据遇到下列3种情况表示结束：①从第一个非空字符开始,遇空格、Tab键或回车结束；②遇宽度结束；③遇非法输入结束。若在格式字符串中出现了非%普通字符,则表示在输入时应在相应的位置输入同样的字符。

本例中选项B的输入方法在成功接收第一个数据12放入变量m中后,接下来应该接收一个非%普通字符n,但是输入串中是一个空格,所以后两个数据n和t不可能成功接收；选项C也是错误的输入方法,原因同选项B；选项D由于格式串中第一个期望字符是

m,而输入串是1,因此按这种方法输入一个数据也不会成功接收。

【正确答案】 A

9.3 测试题

9.3.1 单项选择题

1. 以下叙述不正确的是（　　）。

A. 预处理命令行都必须以＃开始

B. 在程序中凡是以＃开始的语句行都是预处理命令行

C. C程序在执行过程中对预处理命令行进行处理

D. 预处理命令行可以出现在C程序中任意一行上

2. 以下有关宏替换不正确的是（　　）。

A. 宏替换不占用运行时间　　B. 宏名无类型

C. 宏替换只是字符替换　　D. 宏名必须用大写字母表示

3. 在"文件包含"预处理命令形式中,当＃include后面的文件名用<>（尖括号）括起时,寻找被包含文件的方式是（　　）。

A. 直接按系统设定的标准方式搜索目录

B. 先在源程序所在目录中搜索,再按系统设定的标准方式搜索

C. 仅仅搜索源程序所在目录

D. 仅仅搜索当前目录

4. 以下程序的运行结果是（　　）。

```
#include <stdio.h>
#define ADD(x) x + x
void main (void)
{
  int m = 1,n = 2,k = 3,sum ;
  sum = ADD(m + n) * k ;
  printf(" %d\n",sum) ;
}
```

A. 9　　B. 10　　C. 12　　D. 18

5. 以下程序的运行结果是（　　）。

```
#include <stdio.h>
#define MIN(x,y) (x)>(y)?(x):(y)
void main (void)
{
  int i = 10,j = 15,k;
  k = 10 * MIN(i,j);
  printf(" %d\n",k);
}
```

A. 10　　B. 15　　C. 100　　D. 150

6. 若有定义：

```
#define N 2
#define Y(n) ((N+1)*n)
```

则执行语句 z=2*(N+Y(5));后，z 的值为（　　）。

A. 语句有错误　　B. 34　　C. 70　　D. 无确定值

7. putchar 函数可以向终端输出一个（　　）。

A. 整型变量表达式　　B. 实型变量

C. 字符串　　D. 字符或字符型变量

8. 下列程序的输出结果是（　　）。

```
#include <stdio.h>
void main(void)
{
  int x = 023;
  printf("%d",--x);
}
```

A. 17　　B. 18　　C. 23　　D. 24

9. 以下程序运行后的输出结果是（　　）。

```
#include <stdio.h>
void main(void)
{
  unsigned short a;
  short b = -1;
  a = b;
  printf("%u",a);
}
```

A. －1　　B. 65535　　C. 32767　　D. －32768

10. 以下程序运行后的输出结果是（　　）。

```
#include <stdio.h>
void main(void)
{
  int a = 0256,b = 256;
  printf("%o %o\n",a,b);
}
```

A. 0256　0400　　B. 0256　256　　C. 256　400　　D. 400　400

9.3.2 填空题

1. 下面程序的功能是先使用 getchar 函数接收一个字符，用 printf 函数显示，再使用 scanf 函数接收一个字符，用 putchar 函数显示。请填空。

```
#include <stdio.h>
void main(void)
```

```
{
  char c;
  printf("输入一个字符：");
  c = getchar();
  printf("%c\n",c);
  ①;
  printf("再输入一个字符：");
  scanf("%c",②);
  putchar(c);
  printf("\n");
}
```

2. 下面程序的输出结果是 20.00，请填空。

```
#include <stdio.h>
void main(void)
{
  int a = 9,b = 2;
  float x = ①,y = 1.1,z;
  z = a/2 + b * x/y + 1/2;
  printf("②\n",z);
}
```

3. 用下面的 scanf 函数输入数据，使 a=1，b=2，x=3.5，y=45.67，c1='B'，c2='b'，问在键盘上如何输入？请填空。

```
#include <stdio.h>
void main ( )
{
  int a,b;
  float x,y;
  char c1,c2;
  scanf("a = %d b = %d",&a,&b);
  scanf(" %f%e",&x,&y);
  scanf(" %c%c",&c1,&c2);
  printf("a = %d,b = %d,x = %.1f,y = %.2f,c1 = %c,c2 = %c",a,b,x,y,c1,c2);
}
```

应输入：①↵

4. 以下程序的输出结果为(　　)。

```
#include <stdio.h>
void main (void)
{
  int a = 12345;
  float b = -198.345,c = 6.5;
  printf("a = %4d,b = %-10.2e,c = %6.2f\n",a,b,c);
}
```

5. 以下程序的输出结果是(　　)。

```
#include <stdio.h>
```

```
#define MIN(x,y) (x)<(y)?(x):(y)
void main(void)
{
  int i = 10,j = 15,k;
  k = 10 * MIN(i,j);
  printf(" %d\n",k);
}
```

9.3.3 编程题

1. 编写程序,在主函数中输入一个字符串,使用宏将其中的大写字母变成小写,然后输出。

2. 若a=3,b=4,c=5,x=1.2,y=2.4,z=-3.6,u=51274,n=128765,c1='a',c2='b'。想得到以下的输出格式和结果,请写出程序。

```
a=□3□□b=4□□□c=□□□□5
x=1.200000,y=2.400000,z=-3.600000
x+y=□3.60□□y+z=-1.20□□□z+x=□□□□-2.40
c1='a'or97(ASCII)
c2='b'or98(ASCII)
```

9.3.4 测试题参考答案

【9.3.1 单项选择题参考答案】

1. C 2. D 3. A 4. B 5. A 6. B 7. D 8. B 9. B 10. C

【9.3.2 填空题参考答案】

1. ① getchar( ) ② &c
2. ① 8.8 ② %.2f
3. ① a=1 b=2 3.5 45.67 Bb
4. a=12345,b=-1.98e+002,c=6.50
5. 15

【9.3.2 编程题参考答案】

1. 程序如下:

```
#include <stdio.h>
#define CONVERT(c) (c>='A'&&c<='Z'?c+32:c)
void main(void)
{
  char str[40], *p;
  printf("输入一个字符串:");
  gets(str);
  p=str;
  while(*p)
  {
    putchar(CONVERT(*p));
    p++;
  }
```

```
}
```

2. 程序如下：

```
#include <stdio.h>
void main(void)
{
   int a = 3,b = 4,c = 5;
   float x = 1.2,y = 2.4,z = -3.6;
   char c1 = 'a',c2 = 'b';
   printf("a =  %d b = % -4dc = %6d\n",a,b,c);
   printf("x = %f,y = %f,z = %f\n",x,y,z);
   printf("x + y =  %.2f y + z = % -8.2fz + x = %9.2f\n",x + y,y + z,z + x);
   printf("c1 = \'%c\'or %d(ASCII)\n",c1,c1);
   printf("c2 = \'%c\'or %d(ASCII)\n",c2,c2);
}
```

9.4 教材课后习题解答

【习题 9-1】定义一个带参数的宏，使两个参数的值互换。设计主函数调用宏将一维数组 a 和 b 的值进行交换。

程序如下：

```
/*c9_1.c*/
#include <stdio.h>
#define change(x,y) t = x;x = y;y = t
void main(void)
{
   int x,y,t;
   printf("Input two numbers: ");
   scanf("%d%d",&x,&y);
   change(x,y);
   printf("x = %d,y = %d\n",x,y);
}
```

【习题 9.3】编写一个程序，求出 3 个数中的最大数，要求用带参数的宏实现。

程序如下：

```
/*c9_3.c*/
#include <stdio.h>
#define max2(a,b) (a > b?a:b)
#define max3(a,b,c) max2(a,b)> c?max2(a,b):c
void main(void)
{
   int a,b,c;
   float x,y,z;
   printf("输入三个整数:");
   scanf("%d,%d,%d",&a,&b,&c);
   printf("最大整数为:%d\n",max3(a,b,c));
```

```
    printf("输入三个实数:");
    scanf("%f,%f,%f",&x,&y,&z);
    printf("最大实数为:%g\n",max3(x,y,z));
}
```

【习题 9.5】编写一个程序，求三角形的面积，三角形面积计算公式为：

$$area=\sqrt{s(s-a)(s-b)(s-c)}$$

其中，$s=(a+b+c)/2$，a，b，c 为三角形的边长。定义两个带参数的宏，一个用于求 s，另一个求 area。

程序如下：

```
/*c9_5.c*/
#include<stdio.h>
#include<math.h>
#define s(a,b,c) ((a+b+c)/2)
#define area(a,b,c) (sqrt(s(a,b,c)*(s(a,b,c)-a)*(s(a,b,c)-b)*(s(a,b,c)-c)))
void main(void)
{
    float x,y,z,s;
    printf("输入 x,y,z:");
    scanf("%f,%f,%f",&x,&y,&z);
    if(x+y>z&&x+z>y&&y+z>x)
    {
      s=area(x,y,z);
      printf("三角形面积=%g\n",s);
    }
    else
      printf("三边长不能构成一个三角形\n");
}
```

第10章 文　件

10.1　知识要点

(1) 文件：文件是具有文件名的一组相关信息的集合。操作系统以文件为单位对外存数据进行管理。

(2) 文件指针：当前使用的文件都在内存中有控制块(FCB)，其中存放文件的有关控制信息。C 语言定义 FILE 结构体类型的变量来描述 FCB。例如：FILE f1；，还可以定义 FILE 指针变量如 FILE *fp；通过文件指针找到该文件的 FCB，实现对文件的访问。

(3) 文件操作：C 语言没有 I/O 语句，对文件的操作用库函数实现。对磁盘文件的操作必须“先打开，再读写，最后关闭”。

fopen 函数：以指定方式打开文件。

形式：fopen(文件名，使用方式)；

返回值是被打开文件的文件指针；打开失败，返回 NULL(0)。

fclose 函数：文件关闭。

形式：fclose(文件指针)。

10.2　重点与难点解析

文件操作是计算机语言的重要操作之一。将数据以文件的形式存储到存储介质，可以实现数据的长期保存，方便修改数据和供其他程序调用。本章的重点与难点是掌握文件的各种操作函数，能正确地对文件进行读写数据操作。

【例题 10-1】 编程显示一个文件的内容。程序打开一个文件，使用 fgetc()和 fputc()函数进行读写，将其内容显示在屏幕上。

【解析】 关于文件操作的程序有一个比较固定的格式，包括：①包含必要的头文件。②程序中要使用 FILE 来定义文件指针。③程序中使用 fopen()函数来打开文件，并且使用 if 语句判断文件打开是否成功。④根据需要对文件进行读写操作，这时需要选择合适的读写函数。⑤如果是随机操作，还应使用读写指针定位函数来定位读写指针。⑥读写操作结束后，将打开的文件使用关闭函数 fclose()关闭。

该问题需要用主函数带参数的程序来解决。主函数带两个参数,第二个参数中包含要打开的文件名。

【正确答案】

```
#include<stdio.h>
#include<stdlib.h>
void main(int argc,char *argv[])
{
  int c;
  FILE *fp;
  if(argc!=2)
  {
    printf("format error!\n");
    exit(0);
  }
  if((fp=fopen(argv[1],"r"))==NULL)
  {
    printf("file can\'t open!\n");
    exit(0);
}
  while((c=fgetc(fp))!=EOF)
    fputc(c,stdout);
  fclose(fp);
}
```

10.3 测试题

10.3.1 单项选择题

1. C语言中,数据文件的存取方式为(   )。

A. 只能顺序存取　　B. 只能随机存取

C. 可以顺序存取和随机存取　　D. 只能从文件的开头进行存取

2. 在C语言中,用"a"方式打开一个已含有10个字符的文本文件,并写入5个新字符,则该文件中存放的字符是(   )。

A. 新写入的5个字符

B. 新写入的5个字符覆盖原来字符中的前5个字符,保留原来的后5个字符

C. 原来的10个字符在前,新写入的5个字符在后

D. 新写入的5个字符在前,原来的10个字符在后

3. 下列关于文件指针的描述中,错误的是(   )。

A. 文件指针是由文件类型FILE定义的　　B. 文件指针是指向内存某个单元的地址值

C. 文件指针是用来对文件操作的标识　　D. 文件指针在一个程序中只能有一个

4. 以读写方式打开一个已存在的文本文件file1,下面fopen函数正确的调用方式是(   )。

A. FILE *fp; fp=fopen("file1","r");

B. FILE ＊fp；fp＝fopen("file1","r＋")；

C. FILE ＊fp；fp＝fopen("file1","rb")；

D. FILE ＊fp；fp＝fopen("file1","rb＋")；

5. 数据块输入函数 fread(&Iarray,2,16,fp)的功能是(　　)。

A. 从数组 Iarray 中读取 16 次 2 字节数据存储到 fp 所指文件中

B. 从 fp 所指的数据文件中读取 16 次 2 字节的数据存储到数组 Iarray 中

C. 从数组 Iarray 中读取 2 次 16 字节数据存储到 fp 所指文件中

D. 从 fp 所指的数据文件中读取 2 次 16 字节数据存储到数组 Iarray 中

6. 输出函数 putc(32767,fpoint)的功能是(　　)。

A. 读取 fpoint 指针所指文件中的整数字 32767

B. 将两字节整数 32767 输出到文件 fpoint 中

C. 将两字节整数 32767 输出到 fpoint 所指的文件中

D. 从文件 fpoint 中读取数字 32767

7. C 语言中,下列说法不正确的是(　　)。

A. 顺序读写中,读多少个字节,文件读写位置指针相应也向后移动多少个字节

B. 要实现随机读写,必须借助文件定位函数,把文件读写位置指针定位到指定的位置,再进行读写

C. fputc()函数可以从指定的文件读入一个字符,fgetc()函数可以把一个字符写到指定的文件中

D. 格式化写函数 fprintf()中格式化的规定与 printf()函数相同,所不同的只是 fprintf()函数是向文件中写入,而 printf()是向屏幕输出

8. 有以下程序：

```
#include <stdio.h>
void main()
{
  FILE *fp; int i,k = 0,n = 0;
  fp = fopen("d1.dat","w");
  for(i = 1;i < 4;i++) fprintf(fp,"%d",i);
  fclose(fp);
  fp = fopen("d1.dat","r");
  fscanf(fp,"%d%d",&k,&n);
  printf("%d %d\n",k,n);
  fclose(fp);
}
```

执行后输出结果是(　　)。

A. 1　2　　　　B. 123　0　　　　C. 1　23　　　　D. 0　0

9. 设有 char st[3][20]＝{"China","Korea","England"};,下列语句中,运行结果和其他 3 项不同的是(　　)。

A. fprintf(fp,"%s",st[2])；

B. fputs("England",fp)；

C. p＝st[2];while(＊p!＝'\n') fputc(＊p++,fp)；

D. fwrite(st[2],1,7,fp);

10. 以下程序的输出结果是(　　)。

```
#include <stdio.h>
void main()
{
  FILE *fp; int i,a[4]={1,2,3,4},b;
  fp=fopen("data.dat","wb");
  for(i=0;i<4;i++) fwrite(&a[i],sizeof(int),1,fp);
  fclose(fp);
  fp=fopen("data.dat","rb");
  fseek(fp,-2L*sizeof(int),SEEK_END);
  fread(&b,sizeof(int),1,fp);
  fclose(fp);
  printf("%d\n",b);
}
```

A. 2　　　　B. 1　　　　C. 4　　　　D. 3

10.3.2 填空题

1. 文件按不同的原则可以划分成不同的种类,按文件存储的外部设备可分为(　　)文件和(　　)文件,按文件内的数据组织形式可分为(　　)文件和(　　)文件。

2. 一般文件操作中,读取一个字符串的函数是(　　),写入一个数据块的函数是(　　)。

3. 以下程序完成的功能是(　　)。

```
#include <stdio.h>
void main()
{
  int ch1,ch2;
  while((ch1=getchar())!=EOF)
    if(ch1>='a'&&ch1<='z'){
      ch2=ch1-32;
      putchar(ch2);
    }
    else
      putchar(ch1);
}
```

4. 以下程序将一个名为f1.dat的文本文件的内容追加到一个名为f2.dat文件的末尾,请在程序空白处填写合适的语句使其完整。

```
#include <stdio.h>
void main( )
{
  char c;
  FILE *fp1,*fp2;
  fp1=fopen("f1.dat","r");
  fp2=fopen("f2.dat","a");
  while((c=①!=EOF)
```

```
    ②;
    fclose(fp1);
    fclose(fp2);
}
```

5. 下面的程序把从终端读入的10个整数以二进制方式写到一个名为bi.dat的新文件中，请填空。

```
#include <stdio.h>
FILE *fp;
void main( )
{
    int i,j;
    if((fp=fopen(①,"wb"))==NULL)
    exit(0);
    for(i=0;i<10;i++)
    {
        scanf("%d",&j);
        fwrite(&j,sizeof(int),1,②);
}
fclose(fp);
}
```

10.3.3 编程题

1. 请写程序，主函数从命令行读入一个文件名，然后调用函数getline从文件中读入一个字符串放到字符数组str中（字符个数最多为100个）；函数返回字符串的长度。在主函数中输出字符串及其长度。

2. 设文件number.dat中存放了一组整数。请编写程序统计并输出文件中正整数、零和负整数的个数。

3. 设文件student.dat中存放着一年级学生的基本信息，这些信息由以下结构来描述：

```
struct student
{
    Long int num;
    Char name[10];
    Int age;
    Char sex;
    Char speciality[20];
    Char addr[40];
};
```

请编写程序，输出学号在040101～040135之间的学生学号、姓名、年龄和性别。

10.3.4 测试题参考答案

【10.3.1 单项选择题参考答案】

1. C　2. C　3. D　4. B　5. B　6. C　7. C　8. B　9. B　10. D

【10.3.2 填空题参考答案】

1. 设备　磁盘　二进制　文本

2. fgets()　fwrite()

3. 从标准输入设备文件，即键盘读取一个字符，如果它是英文小写字母则变成大写后再输出，其他字符按原样输出，直到读到文件的结尾符，即操作者按下 Ctrl＋Z 键则退出循环。

4. ①getc(fp1) ②putc(fp2)

5. ①“bi.dat” ②fp

【10.3.3 编程题参考答案】

1. 程序如下：

```
#include <stdio.h>
FILE *fp;
getline(char *str)
{
  int i;
  char c;
  i=0;
  c=getc(fp);
  while(c!= '\n'&&c!=EOF)
  {
    str[i]=c;i++;
    getc(fp);
  }
  str[i]=0;
  if(c==EOF) return -1;
  else return i;
}
void main(int argc,char *argv[])
{
  char str[101];
  int len;
  if(argc!=2) printf("Error\n");
  else
  {
    fp=fopen(argv[1],"r");
    do{
          len=getline(str);
          puts(str);
          printf("len=%d\n",len);
    }while(len>=0);
    fclose(fp);
  }
}
```

2. 程序如下：

```
#include <stdio.h>
FILE *fp;
```

```
void main()
{
    int p = 0,n = 0,z = 0,temp;
    fp = fopen("number.dat","r");
    if(fp== NULL)
      printf("File can not be found !\n");
    else
    {
      while(!feof(fp))
      {
        fscanf(fp,"%d",&temp);
        if(temp > 0) p++;
        else if(temp < 0) n++;
        else z++;
      }
      fclose(fp);
      printf("positive: %3d, negtive: %3d, zero: %3d\n",p,n,z);
    }
}
```

3. 程序如下：

```
#include < stdio.h >
struct student
{
   long int num;
   char name[10];
   int age;
   char sex;
   char speciality[20];
   char addr[40];
};
FILE *fp;
void main()
{
   struct student std;
   fp = fopen("student.dat","rb");
   if(fp== NULL)
     printf("File can not be found !\n");
   else
   {
     while(!feof(fp))
     {
       fread(&std,sizeof(struct student),1,fp);
       if(std.num >= 970101&&std.num <= 970135)
        printf("%ld%s%d%c\n",std.num,std.name,std.age,std.sex);
     }
     fclose(fp);
   }
}
```

10.4 教材课后习题解答

【习题 10-1】什么是文件类型指针？文件类型指针有什么作用？

略。

【习题 10-3】用函数 fgetc 从 10-2 题建立的文件中读取所有的字符并显示在屏幕上。

程序如下：

```
/*c10_3.c*/
#include<stdio.h>
#include<stdlib.h>
void main()
{
  FILE *fp;
  char a;
  if((fp=fopen("C:\\10.2.txt","r"))==NULL)
  {
     printf("Cannot open file!\n");
     exit(0);
  }
  while((a=fgetc(fp))!=EOF)
     putchar(a);
  fclose(fp);
}
```

【习题 10-5】有两个磁盘文件 file1 和 file2，各存放一行字母，要求把这两个文件中的信息合并(按字母顺序排列)，将合并后的结果输出到一个新文件 file3 中。

程序如下：

```
/*c10_5.c*/
#include<stdio.h>
#include<stdlib.h>
void main()
{
  FILE *fp;
  int i,j,n1,n2,m;
  char c[160],t,ch;
  if((fp=fopen("C:\\file1.txt","r"))==NULL)
  {
     printf("file1 cannot be opened\n");
     exit(0);
  }
  printf("\n file1 contents are :\n");
  for(i=0;(ch=fgetc(fp))!=EOF;i++)
  {
    c[i]=ch;
    putchar(c[i]);
  }
  fclose(fp);
```

```
    n1 = i;                                    /* 记录 file1 文件中的字符数 */
    if((fp = fopen("C:\\file2.txt","r"))== NULL)
    {
        printf("file2 cannot be opened\n");
        exit(0);
    }
    printf("\n file2 contents are :\n");
    for(i = 0;(ch = fgetc(fp))!= EOF;i++)
    {
        c[i + n1] = ch;
        putchar(c[i + n1]);
    }
    fclose(fp);
    n2 = i;
    for(i = 0;i < n1 + n2 - 1;i++)
    {
          m = i;
          for(j = i + 1;j < n1 + n2;j++)
             if(c[m]> c[j]) m = j;
          t = c[i];c[i] = c[m];c[m] = t;
    }
    printf("\n file3 file is:\n");
    fp = fopen("C:\\file3.txt","w");
    for(i = 0;i < n1 + n2;i++)
    {
      putc(c[i],fp);
      putchar(c[i]);
    }
    fclose(fp);
}
```

【习题 10-7】在文件 stud.dat 中，按顺序存放着 10 个学生的数据，读出后 5 个学生数据，在屏幕上显示出来。

程序如下：

```
/* c10_7.c */
#include <stdio.h>
#include <stdlib.h>
struct student
{
   char name[10];
   int num;
   int age;
   char sex;
}std;
void main( )
{
   int i;
   FILE * fp;
   if((fp = fopen("stud.dat","rb"))== NULL)
   {
```

```
        printf("Cannot open file\n");
        exit(0);
    }
    fseek(fp,5L * sizeof(struct student),SEEK_SET);
    for(i = 0;i < 5;i++)
    {
        fread(&std,sizeof(struct student),1,fp);
        printf(" % s, % d, % d, % c\n",std.name,std.num,std.age,std.sex);
    }
    fclose(fp);
}
```

【习题 10-9】将 10-8 题"stud"文件中的学生数据按平均成绩的降序排序,将排序后的数据存入新的文件"stud_sort"中。

程序如下:

```
/ * c10_9.c * /
# include < stdio.h >
# include < stdlib.h >
# include < string.h >
struct student
{
    intnum;
    char name[8];
    int score[3];
    float avr;
}std[5];
void main( )
{
    int i,j,k;
    FILE * fp;
    struct student temp;
    if((fp = fopen("stud","r"))== NULL)
    {
        printf("Cannot open file\n");
        exit(0);
    }
   fread(std,sizeof(struct student),5,fp);
   fclose(fp);
   if((fp = fopen("stud_sort","w"))== NULL)
   {
       printf("Cannot open file\n");
       exit(0);
   }
   for(i = 0;i < 4;i++)
   {
       k = i;
       for(j = i + 1;j < 5;j++)
          if(std[k].avr < std[j].avr) k = j;
       temp.avr = std[i].avr; temp.num = std[i].num;
       strcpy(temp.name,std[i].name);
```

```
            temp.score[0] = std[i].score[0];
            temp.score[1] = std[i].score[1];
            temp.score[2] = std[i].score[2];
            std[i].avr = std[k].avr; std[i].num = std[k].num;
            strcpy(std[i].name,std[k].name);
            std[i].score[0] = std[k].score[0];
            std[i].score[1] = std[k].score[1];
            std[i].score[2] = std[k].score[2];
            std[k].avr = temp.avr; std[k].num = temp.num;
            strcpy(std[k].name,temp.name);
            std[k].score[0] = temp.score[0];
            std[k].score[1] = temp.score[1];
            std[k].score[2] = temp.score[2];
        }
    fwrite(std,sizeof(struct student),5,fp);
    fclose(fp);
}
```

【习题 10-11】在 C 盘下新建的 employee.dat 文件中，输入 10 个职工的数据，包括职工号、姓名、年龄和电话号码，再读出文件中年龄大于等于 50 的职工数据，把他们的姓名和电话号码显示在屏幕上。

程序如下：

```
/*c10_11.c*/
#include <stdio.h>
#include <stdlib.h>
struct employee
{
    int num;
    char name[10];
    int age;
    long phone;
}emp;
void main()
{
    FILE *fp;
    int i;
        if((fp = fopen("C:\\employee.dat","wb"))== NULL)
        {
            printf("Cannot open the file!\n");
            exit(0);
        }
        for(i = 0;i < 3;i++)
        {
            scanf("%s%d%d%ld",emp.name,&emp.num,&emp.age,&emp.phone);
            fwrite(&emp,sizeof(struct employee),1,fp);
        }
        fclose(fp);
        if((fp = fopen("C:\\employee.dat","rb"))== NULL)
        {
```

```
        printf("Cannot open the file!\n");
        exit(0);
      }
   while(!feof(fp))
   {
      fread(&emp,sizeof(struct employee),1,fp);
      if(emp.age>=50)
      printf("Name:%s,Phone:%ld\n",emp.name,emp.phone);
   }
}
```

【习题 10-13】编写程序实现将磁盘中的一个文件复制到另一个文件中，两个文件名在命令行中给出。

程序如下：

```
/*c10_13.c*/
#include<stdio.h>
#include<stdlib.h>
void main(int argc,char *argv[])
{
   FILE *f1,*f2;
   char ch;
   if(argc<2)
   {
     printf("Parameters missing!\n");
     exit(0);
   }
   if(((f1=fopen(argv[1],"r"))== NULL)||((f2=fopen(argv[2],"w"))==NULL))
   {
     printf("Cannot open file!\n");
     exit(0);
   }
   while((ch=fgetc(f1))!=EOF)
    fputc(ch, f2);
   fclose(f1);
   fclose(f2);
}
```

第11章

数据结构和数据抽象

11.1 知识要点

(1) 数据结构和数据类型。
(2) 抽象数据类型。
(3) 线性表的定义及基本操作。
(4) 堆栈的定义及基本操作。
(5) 队列的定义及基本操作。

11.2 重点与难点解析

【例题 11-1】数据结构通常是研究数据的(　　)及它们之间的相互联系。

A. 存储结构和逻辑结构　　B. 存储和抽象
C. 联系和抽象　　D. 联系与逻辑

【解析】数据结构有逻辑上的数据结构和物理上的数据结构之分,即逻辑结构和存储结构。逻辑上的数据结构反映各数据之间的逻辑关系;物理上的数据结构反映各数据在计算机内的存储安排。

【正确答案】A

【例题 11-2】线性表是(　　)。

A. 一个有限序列,可以为空　　B. 一个有限序列,不可以为空
C. 一个无限序列,可以为空　　D. 一个无限序列,不可以为空

【解析】线性表是最简单、最基本,也是最常用的一种线性结构,是具有相同特性的 $n(n\geqslant 0)$ 个数据元素的有限序列。

【正确答案】A

【例题 11-3】已知一个顺序存储的线性表,设每个结点需占 m 个存储单元,若第一个结点的地址为 a_1,则第 i 个结点的地址为(　　)。

A. $a_1+(i-1)\times m$　　B. $a_1+i\times m$　　C. $a_1-i\times m$　　D. $a_1+(i+1)\times m$

【解析】顺序表是指在内存中用地址连续的一块存储空间顺序存放线性表的各元素。

只要知道顺序表首地址和每个数据元素所占存储单元的大小就可求出第 i 个数据元素的地址。设 a_1 的存储地址为 $Loc(a_1)$，每个数据元素占 d 个存储地址，则第 i 个数据元素的地址为：

```
Loc(ai) = Loc(a1) + (i - 1) * d    1≤i≤n
```

【正确答案】 A

【例题 11-4】 在长度为 n 的顺序表中第 i (1≤i≤n)个位置上插入一个元素时，为留出插入位置所需移动元素的次数为(　　)。

A. n－i　　B. n－i＋1　　C. n－i－1　　D. i

【解析】 插入时，需要将顺序表原来第 i 个元素及以后元素均后移一个位置，腾出一个空位置插入新元素，所以需要移动元素的次数为 n－i＋1。

【正确答案】 B

【例题 11-5】 插入和删除只能在一端进行的线性表，称为(　　)。

A. 队列　　B. 循环队列　　C. 堆栈　　D. 顺序表

【解析】 堆栈是一种最常用的，也是重要的数据结构之一。从数据结构的定义上看，堆栈也是一种线性表。堆栈要求插入和删除操作都必须在表的同一端完成，因此，堆栈是一个后进先出的数据结构。选项 A、B 和 D 都没有要求插入和删除只能在一端进行，所以正确答案是选项 C。

【正确答案】 C

【例题 11-6】 一个栈的入栈序列是 A,B,C,D,E，则该栈不可能的输出序列是(　　)。

A. EDCBA　　B. DECBA　　C. DCEAB　　D. ABCDE

【解析】 堆栈是一个后进先出的数据结构。

对于选项 A，可以通过 A、B、C、D、E 进栈，E、D、C、B、A 出栈的方式得到。对于选项 B，可以通过 A、B、C、D 进栈，D 出栈，E 进栈，E、C、B、A 出栈的方式得到。对于选项 D，可以通过 A 进栈，A 出栈，B 进栈，B 出栈，C 进栈，C 出栈，D 进栈，D 出栈，E 进栈，E 出栈的方式得到。对于选项 C，由于要求第一个出栈的是 D，所以必须先使 A、B、C、D 都入栈，然后 D 出栈，C 出栈，E 进栈，E 出栈，此时栈内剩下的是 A 和 B，且 B 在栈顶，A 在栈底，再进行出栈操作只能是 B 出栈，得不到 DCEAB 的出栈序列。

【正确答案】 C

【例题 11-7】 判定一个栈 ST(最多元素为 m)为空的条件是(　　)。

A. ST－>top!＝－1　　B. ST－>top = = －1

C. ST－>top!＝m－1　　D. ST－>top = = m－1

【解析】 栈为空的条件是 ST－>top = = －1。

【正确答案】 B

【例题 11-8】 一个队列的入队序列是 1,2,3,4，则队列的输出序列是(　　)。

A. 4,3,2,1　　B. 1,2,3,4　　C. 1,4,3,2　　D. 3,2,4,1

【解析】 队列是一种先进先出的线性表，它只允许在表的一端进行插入，而在另一端删除元素。

【正确答案】 B

【例题 11-9】判定一个循环队列 QU(最多元素为 m)为空的条件是(　　)。

A. QU－>front==QU－>rear

B. QU－>front!=QU－>rear

C. QU－>front==(QU－>rear+1)%m

D. QU－>front!=(QU－>rear+1)%m

【解析】通常约定队尾指针指示队尾元素在一维数组中的当前位置，队头指针指示队头元素在一维数组中的当前位置的前一个位置。但为了克服“假溢出”现象造成的空间浪费，通常将数组的首尾相连，形成一个环形的顺序表，即把存储队列元素的表从逻辑上看成一个环，称为循环队列。这样，判断循环队列为空的条件就应该是 QU－>front==QU－>rear。

【正确答案】A

【例题 11-10】在队列中存取数据应遵循的原则是(　　)。

A. 先进先出　　B. 后进先出　　C. 先进后出　　D. 随意进出

【解析】队列是一种先进先出的线性表，它只允许在表的一端进行插入，而在另一端删除元素。在队列中，允许插入的一端叫队尾(rear)，允许删除的一端则称为队头(front)。队列的操作原则是先进先出的，所以队列又称做 FIFO 表(First In First Out)。

【正确答案】A

11.3 测试题

11.3.1 单项选择题

1. 判定一个栈 ST(最多元素为 m)为满的条件是(　　)。

A. ST－>top!=－1　　B. ST－>top==－1

C. ST－>top!=m－1　　D. ST－>top==m－1

2. 判定一个循环队列 QU(最多元素为 m)为满的条件是(　　)。

A. QU－>front==QU－>rear

B. QU－>front!=QU－>rear

C. QU－>front==(QU－>rear+1)%m

D. QU－>front!=(QU－>rear+1)%m

3. 数据结构研究的内容是(　　)。

A. 数据的逻辑结构

B. 数据的存储结构

C. 建立在相应逻辑结构和存储结构上的算法

D. 包括以上 3 个方面

4. 在线性表中，(　　)只有一个直接前驱和一个直接后继。

A. 首元素　　B. 中间元素　　C. 尾元素　　D. 所有元素

5. 线性表是具有 n 个(　　)的有限序列。

A. 数据项　　B. 数据元素　　C. 表元素　　D. 字符

6. 在长度为 n 的顺序表中，若要删除第 i(1≤i≤n)个元素，则需要向前移动元素的次数为(　　)。

A. 1　　B. n－i　　C. n－i＋1　　D. n－i－1

7. 有6个元素按6,5,4,3,2,1的顺序进栈,进栈过程中可以出栈,则以下可能的出栈序列是(　　)。

A. 1,4,3,5,2,6　　B. 3,1,4,2,6,5

C. 6,5,4,3,2,1　　D. 3,6,5,4,2,1

8. 以下不属于栈的基本运算的是(　　)。

A. 删除栈顶元素　　B. 删除栈底元素

C. 判断栈是否为空　　D. 将栈置为空栈

9. 在栈中存取数据的原则是(　　)。

A. 先进先出　　B. 后进先出　　C. 后进后出　　D. 随意进出

10. 在队列的顺序存储结构中,会产生队列中有剩余空间,但却不能执行入队操作的"假溢出"现象,在以下几种方法中,不能解决假溢出问题的是(　　)。

A. 采用首尾相接的循环队列

B. 当有元素入队时,将已有元素向队头移动

C. 当有元素出队时,将已有元素向队头移动

D. 申请新的存储单元存放入队元素

11.3.2 填空题

1. 设线性表顺序存储结构定义如下:

```
#define MAXSIZE 20
typedef int elemtype
typedef struct
{
    elemtype data[MAXSIZE + 1] ;
    int length ;
}seqlist ;
```

函数 int search(seqlist *L,int x);利用在表头设立监视哨的算法,实现在顺序表L中查找值为x的元素的位置。请填空。

```
int search(seqlist *L, int x)
{
    int i = ①;
    L->data[0] = x ;
    while (L->data[i]!= x)
    ② ;
    return i ;
}
```

2. 以下算法为利用栈的基本运算判断一个算术表达式的圆括号是否正确配对,请填空。

```
void SetNull(Seqstack *s);                    //置空栈
```

```
int Push(Seqstack * s,elemtype x);                    //x进栈,返回成功(1)与否(0)
int Pop(Seqstack * s);                                //出栈,返回成功(1)与否(0)
int IsPair(char * ch);
{
    char c;
    int y=1;
    Seqstack s;
    SetNull(&s);
    Do
    {
        if( * ch=='(')
            ①;
        else
            if( * ch==')')
                y=Pop(&s);
        ch++;
    } while( * ch!='\0'&&y!=0);
    if (②||y==0 )
        return 0;
    else
        return 1;
}
```

3. 设有一个栈，元素进栈的次序为 a,b,c。进栈过程中允许出栈，以下是各种可能的出栈元素序列，请填空。

abc、①、bac、②cba

4. 以下算法是冒泡排序算法，为了使该算法在发现数组 R 有序时能及时停止，请填空。

```
void BubbleSort(Elem R[ ],int n)
{
    ①;
    while(i>1)
    {
        lastExchangeIndex=1;
        for(j=1;j<i;j++)
        {
            if(R[j+1].key<R[j].key)
            {
                Swap(R[j],R[j+1]);
                ②                                  //记下进行交换的记录位置
            }
            ③;                                     // 本趟进行过交换的最后一个记录的位置
        }
    }
}
```

5. 以下是顺序表的就地逆置算法，即线性表($a_1,a_2,\cdots,a_n$)逆置为($a_n,a_{n-1},\cdots,a_1$)。请填空。

```
void invert(SeqList * L)
```

```
{
    int j;
    ElemType temp;
    for(j = 0;j <= ①j++)
    {
        temp = L -> data[j];
        L -> data[j] = ②;
        ③;
    }
}
```

11.3.3 编程题

1. 设 A=(a_1,…,a_m)和 B=(b_1,…,b_n)均为顺序表,A'和 B'分别为 A 和 B 中除去最大共同前缀后的子表。若 A'=B'=空表,则 A=B; 若 A'=空表,而 B'≠空表,或者两者均不为空表,且 A'的首元素小于 B'的首元素,则 A<B; 否则 A>B。试写一个比较 A 和 B 大小的算法。

2. 假设以两个元素依值递增有序排列的线性表 A 和 B 分别表示两个集合(即同一表中的元素值各不相同),现要求另辟空间构成一个线性表 C,其元素为 A 和 B 中元素的交集,且表 C 中的元素也依值递增有序排列。试对顺序表编写求 C 的算法。

11.3.4 测试题参考答案

【11.3.1 单项选择题参考答案】

1. D 2. C 3. D 4. B 5. B 6. B 7. C 8. B 9. B 10. D

【11.3.2 填空题参考答案】

1. ①L－>length ②i－－
2. ①Push(&s, * ch) ②ch! ='\0'
3. ①acb ②bca
4. ①i=n ②astExchangeIndex=j ③i=lastExchangeIndex
5. ①(L－>length－1)/2 ②L－>data[L－>length－j－1] ③L－>data[L－>length－j－1]

【11.3.3 编程题参考答案】

1. 算法如下:

```
//a,b为顺序表,若 a < b 时,返回 -1; a = b 时,返回 0; a > b 时,返回 1
int Compare - List(SqList a,SqList b)
{
  i = 0;
  while(i <= a.length - 1)&&(i <= b.length - 1)&&(a.data[i]== b.data[i]) ++i;
  if(i== a.length&&i== b.length)
     return 0;
  else
    if((i== a.length&&i <= b.length - 1)||(i <= a.length - 1&&i <= b.length - 1&&a.data[i]<
  b.data[i]))
     return -1;
    else
```

```
    return 1;
}
```

2. 算法如下：

```
//求元素递增排列的线性表 A 和 B 的元素的交集并存入 C 中
void SqList_Intersect(SqList A,SqList B,SqList &C)
{
    int i = 0, j = 0,k = 0;
    while(A.data[i]&&B.data[j])
    {
        if(A.data[i]< B.data[j]) i++;
        if(A.data[i]> B.data[j]) j++;
        if(A.data[i]== B.data[j])
        {
            C.data[k++] = A.data[i];        //当发现了一个在 A,B 中都存在的元素
            i++;j++;                        //就添加到 C 中
        }
    }
}
```

11.4 教材课后习题解答

【习题 11-1】 编写算法将两个递增有序的顺序表合并成一个有序表，并删除重复的元素。

算法如下：

```
/*c11_1.c*/

void Merge(List &L1,List &L2,List &L)
{
    if(L1.size + L2.size > L.MaxSize)
    {
        printf("List overflow!\n"); exit(1);
    }
    int i = 0, j = 0, k = 0;
    while((i < L1.size)&&(j < L2.size))
    {
        if(L1.list[i]< = L2.list[j])
        {
            L.list[k] = L1.list[i]; i++;
        }
        else
        {
            L.list[k] = L2.list[j]; j++;
        }
        k++;
    }
    while(i < L1.size)
```

```
    {
        L.list[k] = L1.list[i]; i++; k++;
    }
    while(j < L2.size)
    {
        L.list[k] = L2.list[j]; j++; k++;
    }
    L.size = k;
}
```

【习题 11-3】 对于顺序表,写出下面的每一个算法。

(1) 从表中删除具有最小值的元素并由函数返回,空出的位置由最后一个元素填补,若表为空,则显示错误信息并退出运行。

(2) 删除表中值为 x 的结点并由函数返回。

(3) 向表中第 i 个元素之后插入一个值为 x 的元素。

(4) 从表中删除值在 x~y 间的所有元素。

(5) 将表中元素排成一个有序序列。

算法如下:

```
/ * c11_3.c * /

typedef struct
{
   elemtype data[MAXSIZE];
   int length;
}SeqList;
```

(1)

```
int del_1(SeqList * L)
{
    if(L -> length== 0)
    {
        printf("list is empty!");
        return 0;
    }
    elemtype min = L -> data[0];
    int j,k = 0;
    for(j = 1;j < l -> length;j++)
      if(L -> data[j]< min)
      {
        min = L -> data[j];
        k = j;
      }
    L -> data[k] = L -> data[L -> lenth - 1];      //最小值用最后一个元素代替
    for(j = 1;j < l -> length;j++)                 //有多个最小值时,也用最后一个元素代替
      if(L -> data[j]== min)
        L -> data[j] = L -> data[L -> lenth - 1];
    return 1;
}
```

(2)

```
int del_2(SeqList *L,elemtype x)
{
    int i = 0,j;
    while(i < L -> length)
    {
      if(L -> data[i]== x)
      {
        for(j = i + 1;j < L -> length;j++)
          L -> data[j - 1] = L -> data[j];
        L -> length--;
      }
      i++;
    }
    return 1;
}
```

(3)

```
int insert(SeqList *L,int i,elemtype x)
{
    int j ;
    if(i < 1||i > L -> length + 1)                /*检查插入位置的正确性*/
    {
        printf("位置非法!");
        return(0) ;
    }
    for(j = L -> length;j >= i + 1;j-- )
        L -> data[j] = L -> data[j - 1] ;         /*向后移动*/
    L -> data[i] = x ;                            /*新元素插入*/
    L -> length++;                                /*顺序表长度增加1*/
    return (1) ;                                  /*插入成功,返回*/
}
```

(4)

```
int del_3(SeqList *L,elemtype x,elemtype y)
{
    int i = 0,j;
    while(i < L -> length)
    {
        if(L -> data[i]>= x&&L -> data[i]<= y)
        {
          for(j = i + 1;j < L -> length;j++)
              L -> data[j - 1] = L -> data[j];
          L -> length-- ;
        }
        i++;
    }
    return 1;
}
```

(5)

```
int sort(SeqList *L)
{
    int i,j,k;
    elemtype t;
    for(i=0;i<L->length;i++)
    {
        k=i;
        for(j=i+1;j<L->length;j++)
          if(L->data[j]<L->data[i])k=j;
        if(k!=i)
        {
            t=L->data[k];
            L->data[k]=L->data[i];
            L->data[i]=t;
        }
    }
    return 1;
}
```

【习题 11-5】假设已定义入栈 PUSH、出栈 POP 及判断栈空 EMPTY 等基本操作，增加以下函数：

(1) 确定堆栈的大小(即堆栈中元素的数目)；

(2) 输入一个堆栈；

(3) 输出一个堆栈。

算法如下：

```
/*c11_5.c*/
```

(1)

```
int StackSize(seqstack *s)
{
    if(EMPTY(s))
    {
        printf("underflow\n"); return NULL;
    }
    else
        return s->top+1;
}
```

(2)

```
void StackInput(seqstack *s,datatype x[ ],int num)
{
    for(i=0;i<num;i++)
      PUSH(s, x[i]);
}
```

(3)

```
void StackOutput(seqstack * s,datatype x[ ],int num)
{
    for(i = 0;i < num;i++)
      POP(s,x[i]);
}
```

第 2 部分　上机实践

实验 1

C语言源程序的运行环境、运行过程及表达式的使用

一、目的与要求

(1) 掌握 Visual C++ 6.0 的安装、启动和退出方法。

(2) 熟悉 Visual C++ 6.0 集成开发环境的使用方法。

(3) 学会在 Visual C++ 6.0 中编辑、保存、编译、连接和运行 C 语言源程序。

(4) 通过运行简单的 C 语言源程序,初步了解其组成与结构特点。

二、上机操作步骤

【实例】 编写一个 C 语言源程序,输出以下信息:

```
* * * * * * * * * * * *
    I am a student!
* * * * * * * * * * * *
```

(1) 启动 Visual C++ 6.0 应用程序,在 Visual C++ 6.0 集成开发环境下单击菜单栏的 File|New 菜单,进入新建工程界面,如图 2-1-1 所示。

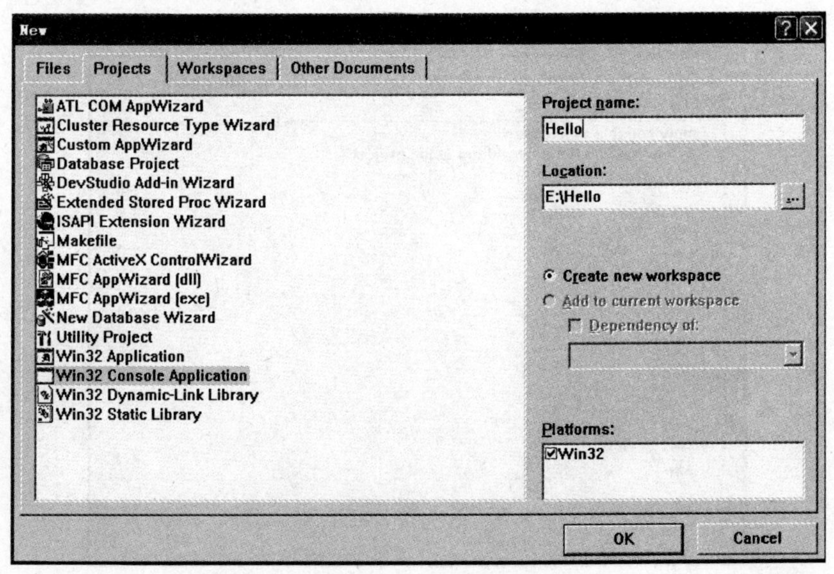

图 2-1-1

在Project选择页面中选择Win32 Console Application，在Project name编辑框中输入工程名称，本例为“Hello”，单击Location旁的按钮，为工程文件选择存放的路径本例为“E:\”，然后单击OK按钮，进入下一步。

(2) 在图2-1-2中选定应用程序的类型，可以建立一个空工程，一个例子应用程序，一个“Hello World”应用程序，或一个支持MFC（Microsoft Foundation Class——微软基本类）的应用程序。本例中选择建立一个An empty project应用程序。

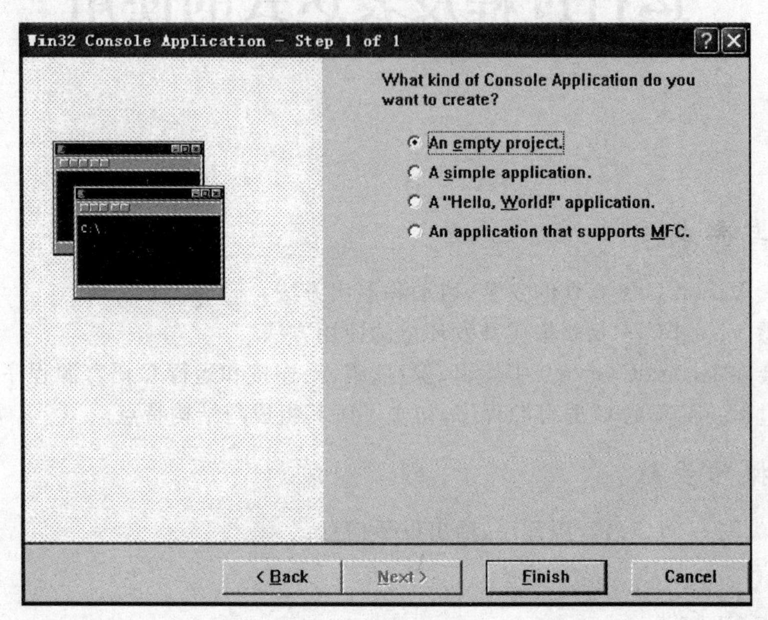

图 2-1-2

选择好后单击Finish按钮，进入下一步。

(3) 在图2-1-3中确认前几步中选择的内容，确定选择后单击OK按钮。

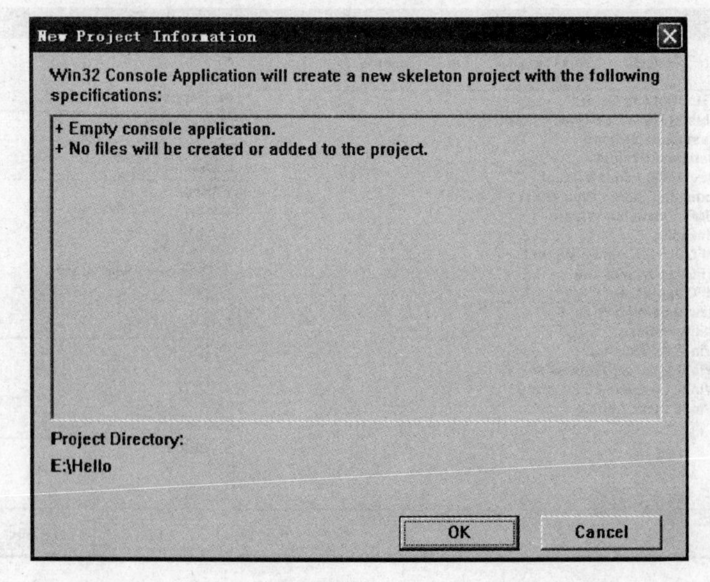

图 2-1-3

(4) 完成上述步骤后，Visual C++ 6.0 集成开发环境即建立了一个“Hello”工程（如图 2-1-4 所示）。

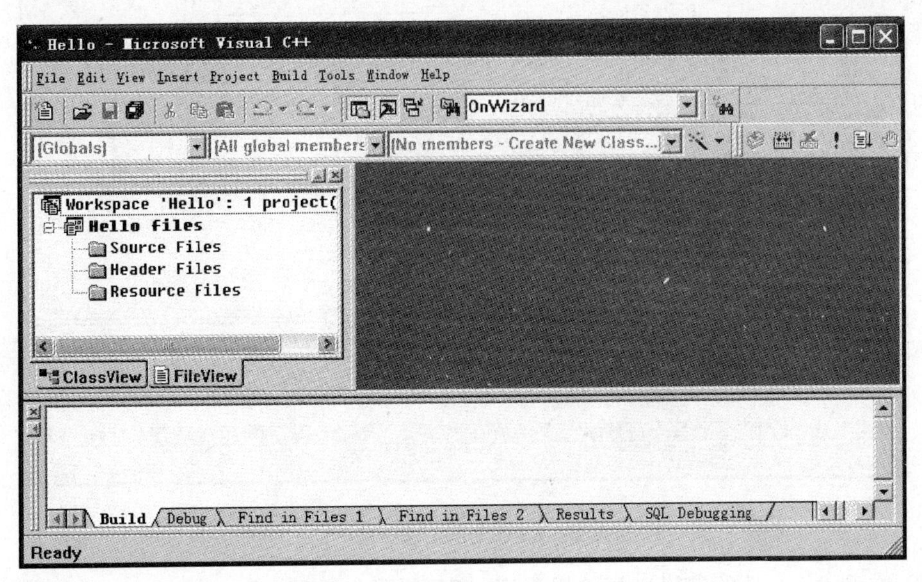

图 2-1-4

(5) 选择 Hello files 下的 Source Files 文件夹，单击菜单栏的 File|New 菜单，进入新建文件界面，如图 2-1-5 所示。

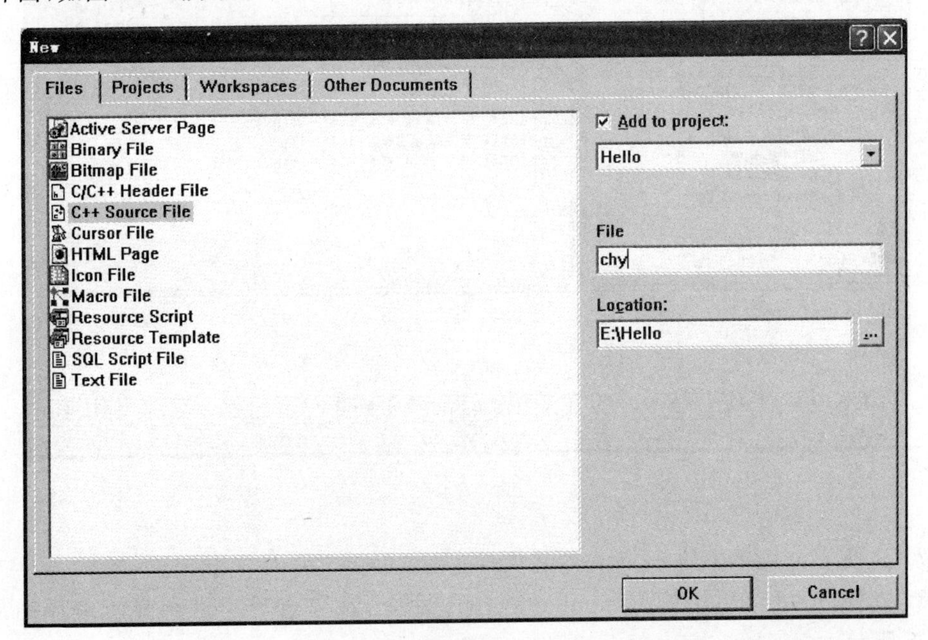

图 2-1-5

在 Files 选择页面中选择 C++Source File，然后在 File 编辑框中输入 C 语言源程序的文件名（本例为 chy），单击 Location 旁的“浏览”按钮选择该文件存放的路径（本例为 E:\Hello），然后单击 OK 按钮，将会弹出 Visual C++ 6.0 的编辑窗口，如图 2-1-6 所示。

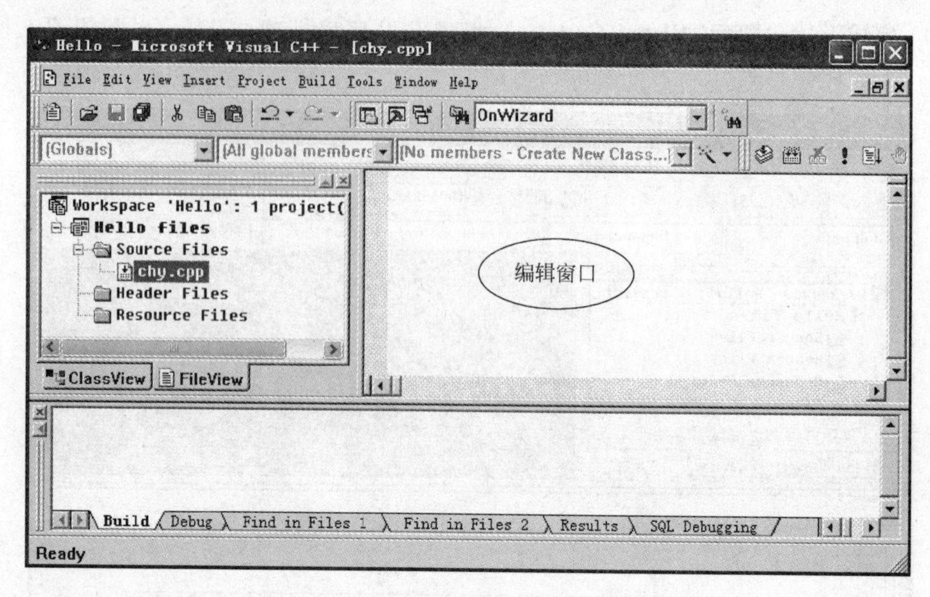

图 2-1-6

(6) 在图 2-1-6 中的编辑区域编辑程序内容，如图 2-1-7 所示。

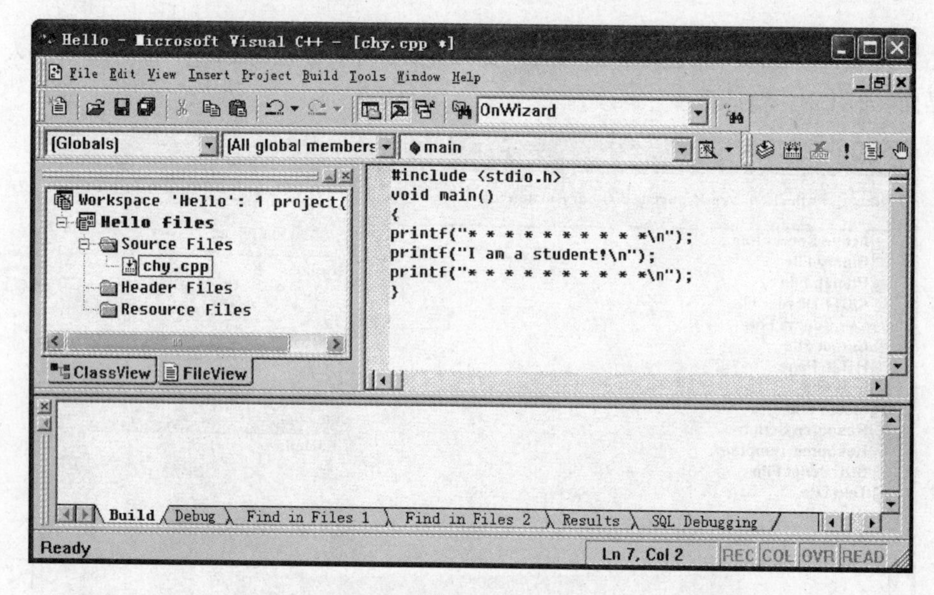

图 2-1-7

(7) 选择 File 菜单中的 Save 命令将文件存盘。

(8) 选择 build 菜单中的 Compile chy. cpp 命令，在信息输出区会显示编译结果，如图 2-1-8 所示。

(9) 编译无误后，选择 Build 菜单中的 Build Hello. exe 命令，在信息输出区会显示连接结果，如图 2-1-9 所示。

(10) 连接无误后，选择 Build 菜单中的 Execute Hello. exe 命令，即弹出程序运行结果显示界面，如图 2-1-10 所示。

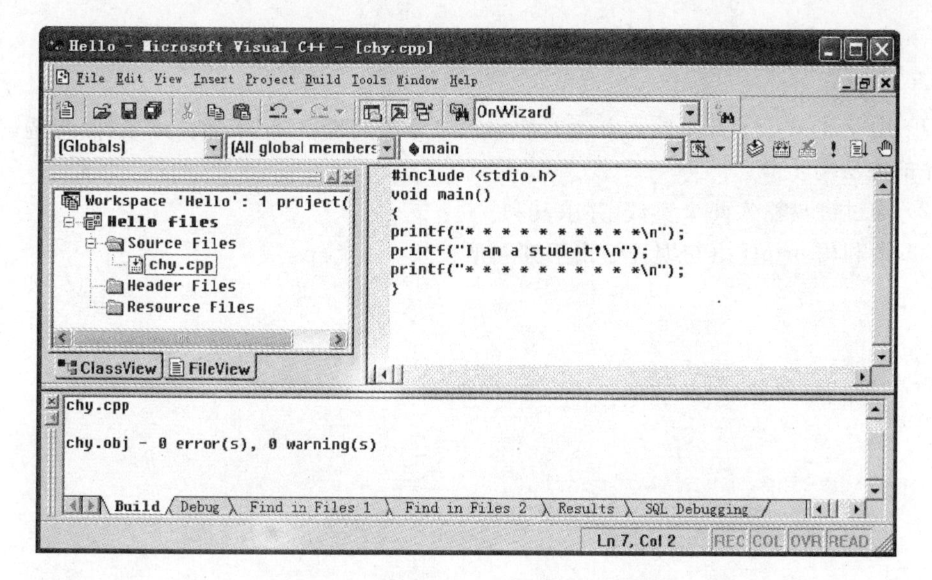

图 2-1-8

图 2-1-9

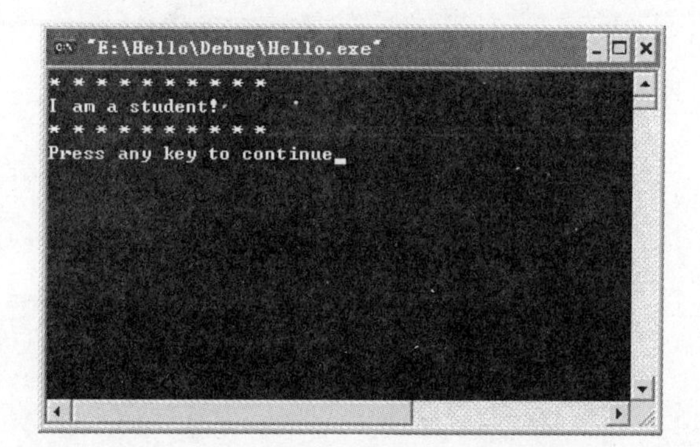

图 2-1-10

三、上机内容

(1) 用 Visual C++ 6.0 输入并运行教材第 1 章中的程序，记下运行结果，熟悉调试 C 语言程序的方法与步骤。

(2) 通过键盘输入两个实数，并求其和。

(3) 请利用 printf 语句编程输出下列图形：

```
  *
 ***
*****
```

实验 2

顺序结构与选择结构程序设计

一、目的与要求

(1) 理解C语言程序的顺序结构。

(2) 掌握常用的C语言语句,熟练应用赋值、输入/输出语句。

(3) 了解C语句表示逻辑的方法(以0代表“假”,以1代表“真”)。

(4) 学会正确使用逻辑运算符和逻辑表达式。

(5) 熟练掌握if语句和switch语句。

(6) 熟练掌握变量值的交换算法。

二、实验内容

(1) 编程序输入长方形的长、宽值,然后计算长方形的面积并将其输出。

(2) 编程实现将输入的字符进行大小写互换。

(3) 编写一个程序,根据所输入的三边,判断它们能不能构成三角形,若可以,输出三角形的面积和类型。

(4) 编程序计算下面的分段函数。

$$y=\begin{cases}0 & (x=a\text{ 或 }x=-a)\\ \sqrt{a^2-x^2} & (-a<x<a)\\ x & (x<-a\text{ 或 }x>a)\end{cases}$$

(5) 某个加油站有97、93、90号三种汽油,单价分别为6.50、6.35、6.18(元/升),同时加油站也提供了“自动加”、“协助加”和“自己加”三个服务等级,其中分别使用户得到0%、5%、10%的优惠,针对用户输入加油量选择汽油种类和服务类型(1—自动加,2—协助加,3—自己加)输出应付款数,请编写程序。

实验 3

循环结构程序设计（1）

一、目的与要求

（1）理解 for、while 和 do-while 三种循环语句的功能。

（2）掌握在程序设计中用循环的方法实现各种算法。

二、上机内容

（1）输入并运行下面的程序：

```
#include <stdio.h>
void main( )
{
  int i = 0,a = 0;
  while(i<20)
  {
    for(;;)
    {
      if((i%10) == 0)
        break;
      else
        i--;
    }
    i += 11;a += i;
  }
  printf("%d\n",a);
}
```

（2）输入并运行下面的程序：

```
#include <stdio.h>
void main( )
{
  int i,j;
  for(i = 1;i<10;i++)
  {
    for(j = 1;j<10;j++)
```

```
      printf(" %4d\n",i*j);
    printf("\n",i*j);
  }
}
```

要求：

① 先分析此程序的结果，然后上机运行此程序进行验证。

② 将第7行的for(j=1; j<10; j++)改为for(j=1; j<i; j++)，然后运行程序并查看结果。

③ 将第8行的printf("%4d\n",i*j); 语句改为printf("%-4d\n",i*j);，然后运行程序并查看结果。

④ 将第8行的printf("%4d\n",i*j); 语句改为printf("%d\n",i*j);，然后运行程序并查看结果。

⑤ 将第9行的printf("\n",i*j); 语句去掉，然后运行程序并查看结果。

(3) 编程统计个位数是4，且能被4整除的4位数共有几个？

(4) 从键盘输入一个整数，判断它是偶数还是奇数。

(5) 编程输出1～50之间的全部素数。

(6) 输入20个有符号的整数，编程统计正数、负数和零的个数。

(7) 从键盘输入n(n的值从键盘输入)个正整数，编程求其最大值、最小值和平均值。

实验 4

循环结构程序设计（2）

一、目的与要求

（1）熟练掌握多重循环的应用。

（2）基本掌握 break、continue 和 goto 三种跳转语句的应用。

二、上机内容

（1）输入并运行下面的程序：

```
#include <stdio.h>
void main( )
{
  int x = 5,y = 0;
  do
  {
    x += 4;
    y += x;
    if(y > 60) break;
  }while(1);
  printf("x = %d,y = %d\n",x,y);
}
```

（2）输入并运行下面的程序：

```
#include <stdio.h>
void main( )
{
  int x = 1,n = 0;
  for(;n <= 20;n++)
  {
    if(x >= 10) break;
    if(x % 2 == 1)
    {
        x += 5;
        continue;
    }
```

```
  }
  x-=-5;
  printf("x=%d\n",x);
}
```

(3) 从键盘输入圆半径 r(1～15)，编程求圆面积，当圆面积的值大于 100 时结束循环。

(4) 编程把 100～200 之间的不能被 7 整除的数输出。

(5) 使用循环语句编程打印出以下图形：

```
  *
 ***
*****
```

(6) 编程计算 $s=1^1+2^2+3^3+\cdots+n^n$，n 的值通过键盘输入。

实验 5

一维数组与二维数组

一、目的与要求

(1) 理解一维数组和二维数组的概念。

(2) 掌握一维数组和二维数组的定义、初始化、数组元素引用。

(3) 掌握一维数组和二维数组的输入/输出。

(4) 掌握与数组有关的算法。

二、实验内容

(1) 设有 4×4 的方阵,其中的元素由键盘输入。试编程求:

① 主对角线上元素之和;

② 辅对角线上元素之积;

③ 方阵中最大的元素。

提示:主对角线元素行、列下标相同;辅对角线元素行、列下标之和等于方阵的最大行号(或最大列号)—下标、行列号基于 0。

(2) 编程找出 1~100 中能被 7 或 11 整除的所有整数,存放在数组 a 中,并统计其个数。要求以每行排列 5 个数据的形式输出 a 数组中的数据。

(3) 青年歌手参加歌曲大奖赛,有 10 个评委进行打分,试编程求这位选手的平均得分(去掉一个最高分和一个最低分)。

分析:这道题的核心是排序。将评委所打的 10 个分数利用数组按增序(或降序)排列,计算数组中除第一个和最后一个分数以外的数的平均分。

(4) 从键盘输入一个数,然后在一个整型一维数组 a[20]中,用折半查找法找出该数是数组中第几个元素的值。如果该数不在数组中,则打印"No found"。

(5) 编程打印如下图形:

```
  *
 * *
*   *
 * *
  *
```

(6) 有一电文，已按下列规律译成密码：

```
A→Z  a→z
B→Y  b→y
C→X  c→x
…    …
```

即第一个字母变成第 26 个字母，第 i 个字母变成第(26－i＋1)个字母，非字母字符不变。编写一个程序将密码译成原文，并输出密码和原文。

实验 6

字符数组与字符串

一、目的与要求

(1) 理解字符数组和字符串的概念。

(2) 掌握字符数组的定义、初始化、数组元素引用、输入/输出。

(3) 掌握字符数组的处理。

(4) 掌握常用字符串处理函数。

二、实验内容

请编程求解以下各题。

(1) 对键盘输入的字符串进行逆序,逆序后的字符串仍然保留在原来字符数组中,最后输出(不得调用任何字符串处理函数,包括 strlen)。

例如:输入 hello world 输出 dlrow olleh。

(2) 对键盘输入的两个字符串进行连接(不得调用任何字符串处理函数,包括 strlen)。

例如:输入 hello＜CR＞world＜CR＞,输出 helloworld。

(3) 对从键盘任意输入的字符串,将其中所有的大写字母改为小写字母,而所有小写字母改为大写字母,其他字符不变(不得调用任何字符串处理函数)。

例如:输入 Hello World!输出:hELLO wORLD!。

(4) 从键盘输入 4 个字符串(长度＜20),存入二维字符数组中。然后对它们进行排序(假设按由小到大的顺序),最后输出排序后的 4 个字符串(允许使用字符串函数)。

提示:字符串比较可以用 strcmp 函数实现,排序方法可用选择法或冒泡法。

实验 7

函数程序设计(1)

一、目的与要求

(1) 掌握C语言函数的定义方法、函数的声明及函数的调用方法。

(2) 掌握主调函数和被调函数之间实参与形参的“值传递”和“地址传递”的参数传递方式的意义和方法。

二、实验内容

(1) 分别编写求圆面积和圆周长的函数,另编写一主函数调用之,要求主函数能输入多个圆半径,且显示相应的圆面积和周长。

(2) 编写一程序,把M×N矩阵a的元素逐列按降序排列。假设M、N不超过10。分别编写求一维数组元素值最大和元素值最小的函数,主函数中初始化一个二维数组a[10][10],调用定义的两函数输出每行、每列的最大值和最小值。

(3) 编写一判别素数的函数,在主函数中输入一个整数,输出该数是否为素数的信息。

(4) 编写一个将两个字符串连接起来的函数(即实现strcat函数的功能),两个字符串由主函数输入,连接后的字符串也由主函数输出。

实验 8

函数程序设计（2）

一、目的与要求

（1）掌握函数的嵌套调用和递归调用。

（2）理解变量的作用域概念，学习在程序中正确地定义和引用变量。

二、实验内容

（1）编制函数 func，其功能是：删除一个字符串中指定的字符。

要求：原始字符串在主函数中输入，处理后的字符串在主函数中输出。

例如：输入“I am a teacher，you are a student”和‘e’输出“I am a tachr，you ar a studnt”。

（2）编制函数 sortstr，其功能是对多个字符串进行排序。

要求：欲排序的字符串在主函数中输入，排好序的字符串在主函数中输出。

（3）用函数递归方法以字符串形式输出一个整数。

（4）输入以秒为单位的一个时间值，将其转化成“时：分：秒”的形式输出。将转换工作定义成函数。

实验 9

指针程序设计（1）

一、目的与要求

（1）理解和熟练掌握指针和指针变量。

（2）理解和熟练掌握指针的运算。

（3）熟练掌握通过指针操作一维数组中元素的方法。

（4）熟练掌握通过指针操作字符串的方法。

（5）熟练掌握数组名作为函数参数的使用方法。

二、实验内容

（1）编写程序，输入一个十进制的正整数，将其对应的八进制数输出。

（2）用指针方法编写一个程序，输入 3 个字符串，将它们按由小到大的顺序输出。

（3）不使用额外的数组空间，将一个字符串按逆序重新存放。例如，原来的存放顺序是“abcde”，现在改为“edcba”。

（4）编写一个函数实现十进制到十六进制的转换。在主函数中输入十进制数，并输出相应的十六进制数。

（5）有 n 个人围成一圈，顺序排号，从第 1 个人开始从 1 到 m 报数，凡数到 m 的人出列，问最后留下的是原来圈中第几号的人员。

（6）用指针的方法实现将明文加密变换成密文。变换规则如下：小写字母 z 变换成 a，其他字母变换成为该字母的 ASCII 码顺序后 1 位的字母，比如 o 变换成为 p。

实验 10

指针程序设计（2）

一、目的与要求

（1）掌握通过指针操作二维数组的方法。

（2）理解指向指针的指针及指针数组的概念。

（3）理解指针与函数间的关系。

（4）了解命令行参数的概念，学会运行带命令行参数的程序。

二、实验内容

（1）编写函数，对二维数组中的对角线内容求和，并作为函数的返回值。

（2）编写一个函数，输入 n 为偶数时，调用函数求 1/2，1/4，…，1/n 的和，当输入 n 为奇数时，调用函数求 1/1，1/3，…，1/n 的和。

（3）编写程序，定义一个指针数组存放若干个字符串，再通过指向指针的指针访问它并输入各个字符串。

（4）编写程序，统计从键盘输入的命令行中第 2 个参数所包含的英文字符个数。

实验 11

结构、联合程序设计

一、目的与要求

(1) 掌握结构体类型变量的定义与使用。

(2) 掌握结构体类型数组的概念和应用。

(3) 掌握链表的概念,初步学会对链表进行操作。

(4) 掌握联合体的概念与使用。

二、实验内容

编程序,然后上机调试运行。

(1) 有 5 个学生,每个学生的数据包括学号、姓名、3 门课的成绩,从键盘输入 10 个学生数据,要求打印出 3 门课总平均成绩,以及最高分的学生的数据(包括学号、姓名、3 门课的成绩、平均分数)。

要求用 input 函数输入 10 个学生数据;用 average 函数求总平均分;用 max 函数找出最高分的学生数据;总平均分和最高分学生的数据都在主函数中输出。

(2) 设有 N 名考生,每个考生的数据包括考生号、姓名、性别和成绩,编写一程序,要求用指针方法找出女性考生中成绩最好的考生并输出。

(3) 利用结构体类型建立一个链表,每个结点包括成员项为:职工号、工资和连接指针,要求编程完成以下功能:

① 从键盘输入各结点的数据,然后将各结点的数据打印输出;

② 插入一个职工的结点数据,按职工号的顺序插入在链表中;

③ 从上述链表中,删除一个指定职工号的结点。

(4) 13 个人围成一圈,从第一个人开始顺序报号 1、2、3。凡报到“3”者退出圈子,找出最后留在圈子中的人原来的序号。

实验 12

预处理和标准函数

一、目的与要求

（1）掌握宏定义和文件包含的使用方法。

（2）熟练掌握格式输入和输出的方法。

（3）掌握 putchar 和 getchar 函数的调用方法。

二、实验内容

（1）定义一个判断某年 year 是否为闰年的宏，设计主函数调用之。

（2）编写一个程序，将用户输入的一个字符串中的大小写字母互换，即大写字母转换为小写字母，小写字母转换为大写字母。要求定义判断是大写、小写字母的宏以及大小写相互转换的宏。

（3）设有变量 a=3、b=4、c=5、d=1.2、e=2.23、f= - 43.56，编写程序输入这些变量的值，并使程序输出为：

```
a = □□3,b = 4□□□,c = **5
d = 1.2
e = □□2.23
f = - 43.5600□□**
```

注：其中□表示空格。

实验13

文　件

一、目的与要求

(1) 掌握文件以及缓冲文件系统、文件指针的概念。

(2) 掌握文件打开、关闭、读、写等文件操作函数。

(3) 了解用缓冲文件系统对文件进行简单的操作。

二、实验内容

(1) 有 5 个学生,每个学生有 3 门课的成绩,从键盘输入以上数据(包括学生号、姓名、3 门课成绩),计算出平均成绩,将原始数据和计算出的平均分数存放在磁盘文件 stud 中。

(2) 将(1)题 stud 文件中的学生数据,按平均分进行排序处理,将已排序的学生数据存入一个新文件 stu_sort 中。

(3) 将(2)题已排好序的学生成绩文件进行插入处理,插入一个学生的 3 门课成绩。程序先计算新插入学生的平均成绩,然后将它按成绩高低顺序插入,插入后建立一个新文件。

对(2)题的学生原有数据为:

```
91101       Wang        89,98,67,5
91103       Li          60,80,90
91106       Func        75.5,91,5,99
91110       Ling        100,50,62,5
91113       Yuan        58,68,71
```

要插入的学生数据为:

```
91108       Xin         90,95,60
```

实验 14

数据结构和数据抽象

一、目的与要求

(1) 了解数据结构和数据抽象的概念。

(2) 了解顺序表的特点及其基本操作。

(3) 了解堆栈的特点及其基本操作。

(4) 了解队列的特点及其基本操作。

二、实验内容

(1) 已知线性表中的元素以递增的顺序排列并以数组作存储结构,试编写算法,删除表中所有值大于 mink 且小于 maxk 的元素(mink 和 maxk 是给定的两个参数)。

(2) 从键盘输入以“@”作为结束标志的字符串,设计一个算法,利用栈的基本操作将字符串逆序输出。

(3) 试设计算法:求出循环队列中当前元素的个数。

21世纪高等学校数字媒体专业规划教材

ISBN	书　名	定价(元)
9787302224877	数字动画编导制作	29.50
9787302222651	数字图像处理技术	35.00
9787302218562	动态网页设计与制作	35.00
9787302222644	J2ME手机游戏开发技术与实践	36.00
9787302217343	Flash多媒体课件制作教程	29.50
9787302208037	Photoshop CS4中文版上机必做练习	99.00
9787302210399	数字音视频资源的设计与制作	25.00
9787302201076	Flash动画设计与制作	29.50
9787302174530	网页设计与制作	29.50
9787302185406	网页设计与制作实践教程	35.00
9787302180319	非线性编辑原理与技术	25.00
9787302168119	数字媒体技术导论	32.00
9787302155188	多媒体技术与应用	25.00

以上教材样书可以免费赠送给授课教师,如果需要,请发电子邮件与我们联系。

教学资源支持

敬爱的教师:

感谢您一直以来对清华版计算机教材的支持和爱护。为了配合本课程的教学需要,本教材配有配套的电子教案(素材),有需求的教师可以与我们联系,我们将向使用本教材进行教学的教师免费赠送电子教案(素材),希望有助于教学活动的开展。

相关信息请拨打电话010-62776969或发送电子邮件至weijj@tup.tsinghua.edu.cn咨询,也可以到清华大学出版社主页(http://www.tup.com.cn或http://www.tup.tsinghua.edu.cn)上查询和下载。

如果您在使用本教材的过程中遇到了什么问题,或者有相关教材出版计划,也请您发邮件或来信告诉我们,以便我们更好地为您服务。

地址:北京市海淀区双清路学研大厦A座708　　计算机与信息分社魏江江　收
邮编:100084　　电子邮件:weijj@tup.tsinghua.edu.cn
电话:010-62770175-4604　　邮购电话:010-62786544

《网页设计与制作》目录

ISBN 978-7-302-17453-0　　蔡立燕　梁　芳　主编

图书简介：

Dreamweaver 8、Fireworks 8 和 Flash 8 是 Macromedia 公司为网页制作人员研制的新一代网页设计软件，被称为网页制作“三剑客”。它们在专业网页制作、网页图形处理、矢量动画以及 Web 编程等领域中占有十分重要的地位。

本书共 11 章，从基础网络知识出发，从网站规划开始，重点介绍了使用“网页三剑客”制作网页的方法。内容包括了网页设计基础、HTML 语言基础、使用 Dreamweaver 8 管理站点和制作网页、使用 Fireworks 8 处理网页图像、使用 Flash 8 制作动画、动态交互式网页的制作，以及网站制作的综合应用。

本书遵循循序渐进的原则，通过实例结合基础知识讲解的方法介绍了网页设计与制作的基础知识和基本操作技能，在每章的后面都提供了配套的习题。

为了方便教学和读者上机操作练习，作者还编写了《网页设计与制作实践教程》一书，作为与本书配套的实验教材。另外，还有与本书配套的电子课件，供教师教学参考。

本书适合应用型本科院校、高职高专院校作为教材使用，也可作为自学网页制作技术的教材使用。

目　　录：